"十四五"新工科应用型教材建设项目成果

21世纪技能创新型人才培养系列教材 计算机系列

二维
动画制作

U0385902

高翀

王飞/编著

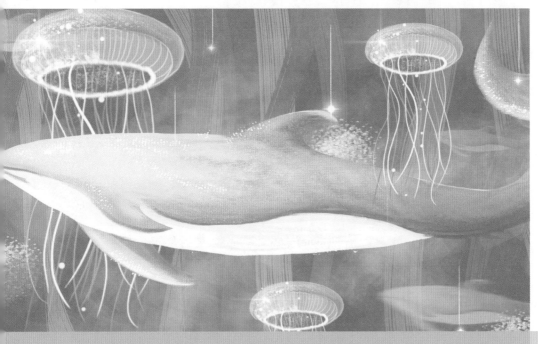

中国人民大学出版社
·北京·

PREFACE 前言

党的二十大报告指出，教育、科技、人才是全面建设社会主义现代化国家的基础性、战略性支撑。教育是国之大计、党之大计。职业教育是我国教育体系的重要组成部分，肩负着"为党育人、为国育才"的神圣使命。本教材以习近平新时代中国特色社会主义思想为指导，深入贯彻落实党的二十大精神，将思想道德建设与专业素质培养融为一体，着力培养爱党爱国、敬业奉献，具有工匠精神的高素质技能人才。

二维动画是动画制作中的一个类别，二维动画技术是动画史上历史最悠久、表现方式最丰富的制作技术之一，目前已经达到了比较成熟的阶段。随着计算机软、硬件技术的进步，二维动画产业也得到了更多的发展机会，迎来了黄金时期。

本书从专业角度讲解了如何使用目前主流的二维动画制作软件——Animate 来制作二维动画，在分析客观事物运动规律的基础上，结合 Animate 软件的特性，体现了二维动画中的表象与内部的联系，帮助读者掌握制作方法和技巧，并将这种视觉语言熟练应用于动画创作中。

本书以岗位实际工作任务为载体，深入浅出地讲解二维动画制作的相关知识点，以及 Animate 软件的各项功能，具体任务涉及二维动画基础认知、二维动画的动画规律、角色的表情动画、角色的常规动画、曲线运动的实践应用、自然现象的动画表现以及动物运动的动画制作等知识点。

本书可作为职业院校相关专业以及影视动画培训机构的教材，也适合想要从事二维动画编辑制作工作的人员自学。

由于时间仓促，加之编者水平有限，书中难免有疏漏与不妥之处，敬请广大读者批评指正。

编者

CONTENTS 目录

单元 1

二维动画基础

单元导读

　　本单元主要介绍二维动画的基础知识，包括二维动画的相关概念和二维动画的动画规律，为后续深入学习二维动画制作打下基础。

学习目标

　　1. 了解二维动画的相关概念。
　　2. 熟悉二维动画的制作流程。
　　3. 了解制作二维动画的工具及软件。
　　4. 掌握中间画的绘制方法。

思政目标

　　通过学习二维动画的基础知识，使学生感受到二维动画的应用价值，引导学生了解行业现状，热爱动画事业，坚定投身我国动画事业的决心。

An 任务 1.1 二维动画的相关概念

1.1.1 二维动画的概念

二维动画是指在二维画面上制作的动画。传统的二维动画是用水彩颜料画到赛璐璐片上，再由摄影机逐张拍摄并整理后连贯起来的画面。计算机时代的来临，使二维动画技术得到提升，动画师可将事先手工制作的原动画逐帧输入计算机，由计算机辅助完成绘线上色的工作和纪录工作。随着计算机软、硬件技术的飞速发展，现在我们看到的很多动画都是直接在计算机中通过专门的软件制作完成的。

1.1.2 故事板

故事板是用图画和相关文字组成的分镜头剧本，如图1-1-1至图1-1-3所示。动画师在故事板上以文字分镜头剧本为依据，对全片的每一个镜头进行进一步创作，绘制出镜头画面，包括镜头时间、运镜方式、镜头节奏、镜头中角色的动作以及场景内容等信息。

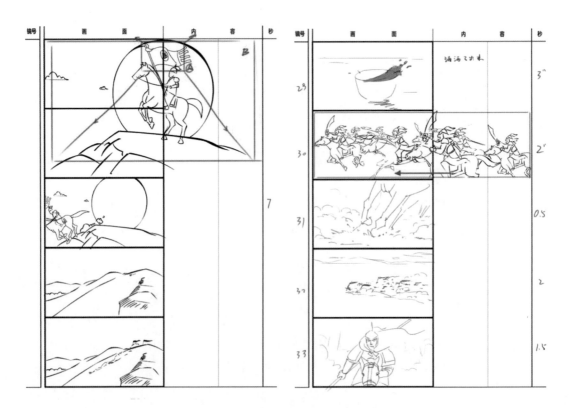

图1-1-1 《英雄结》故事板

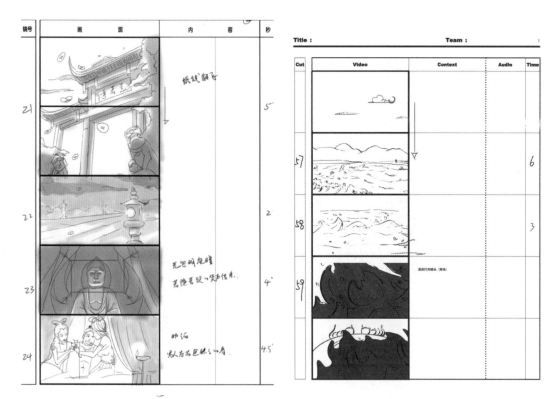

图 1-1-2 《小倩传说》故事板　　　　　图 1-1-3 《大禹治水》故事板

1.1.3 动画设计稿

　　动画设计稿是指对动画片的分镜头剧本中的每个镜头画面进行加工、放大的画稿，如图 1-1-4 至图 1-1-8 所示。动画设计稿可以为动画设计人员和背景设计人员提供绘制依据，使其可以通过画面中角色表情和姿态的设定，更准确地把握导演的意图。

图 1-1-4 《龙宫寻宝》设计稿

图 1-1-5 《山中顽石》设计稿

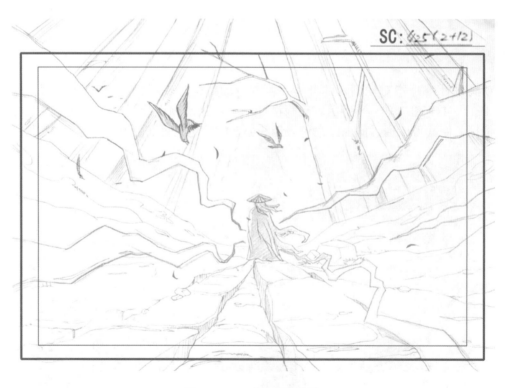

图 1-1-6 《影》设计稿

图 1-1-7 《故乡》设计稿

图 1-1-8 《雪人的季节》设计稿

1.1.4 原画、小原画、中间画

原画设计的主要任务是按照剧本的情境设定，配合导演的要求，设计并绘制出角色的动作。动作包括角色的表情变化、肢体的动态变化、角色与所处环境的位置变化等。

简单地说，原画就是一个动作的起始和结束状态，如图 1-1-9 所示，钟摆从 1 运动到 5 的过程中，1、5 为原画，3 是小原画，2、4 为中间画，2、3、4 也可以统称为中间画。

图 1 - 1 - 9   原画、小原画、中间画

1.1.5 动画检查

动画检查是指检查动画制作人员描绘的线条和动作等是否符合动画要求，是对动画品质的监督。

1.1.6 描线

描线是指对镜头中出现的每一副画面进行逐张描线，线条要求准确、挺拔、匀称。只有确保了线条的准确，观众才能够欣赏到有观赏价值的画面和剧情。如图 1 - 1 - 10 所示为《塔塔溪》角色的线条。

图 1 - 1 - 10   《塔塔溪》角色线条

1.1.7 上色

上色是指按照指定的颜色对描好线的画面进行上色处理，要求不能漏色、不能出线、颜色要均匀。如图 1-1-11 所示为《塔塔溪》角色的颜色效果，精细的上色使人物更加饱满。

图 1-1-11 《塔塔溪》角色的颜色效果

1.1.8 摄影表

摄影表是整个动画片的制作进度规划表，是动画师用来记录一个场景或镜头内的动作、对白和摄影要求的图表。动画公司不同、项目不同，摄影表也会有所差异，但主要内容基本一致，如图 1-1-12 所示。

以图 1-1-12（a）为例，摄影表中的时间指的是拍摄的帧数，在电视里每秒是 25帧。"BG"指背景。"A、B、C、D、E、F"指不同的层，这里的层可以是一张脸中的一双眼睛、一个鼻子、一张嘴，也可以是一个人。"内容"指镜头里的画面内容。"对白"指角色主要对话的内容。"摄影机运动"指镜头的运动方式。

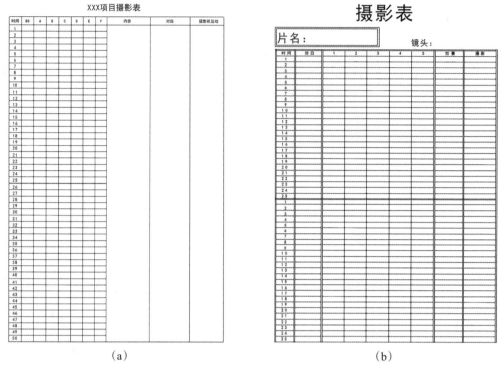

（a）　　　　（b）

图 1-1-12　摄影表

1.1.9 二维动画的制作流程

二维动画的制作流程大致可以分为 3 个阶段：前期策划阶段、中期制作阶段、后期合成阶段，如图 1-1-13 所示。其中，前期策划阶段包括企划方案、文字剧本、角色设计、场景设计、分镜脚本、定色等工作；中期制作包括动画设计稿、原画绘制、原画检查、修型、动画绘制、动画检查等工作；后期合成包括拍摄、上色、特效制作、剪辑、配音以及添加声效等工作。

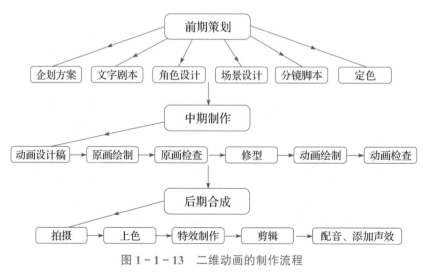

图 1-1-13　二维动画的制作流程

1.1.10 二维动画的制作工具

传统的二维动画制作工具主要包括铅笔、橡皮、定位尺（图1-1-14）和动画纸（图1-1-15）。

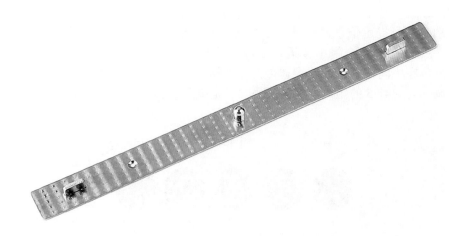

图1-1-14 定位尺

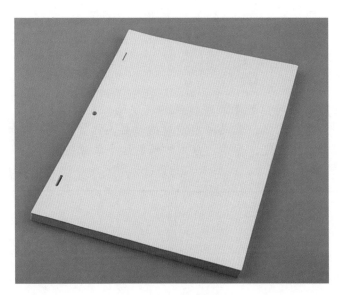

图1-1-15 动画纸

1.1.11 二维动画制作软件

随着计算机技术的飞速发展，当今的二维动画制作行业正从传统的动画纸绘向电脑制作方向发展，这是信息时代大势所趋，通过软件制作二维动画节省了制作成本和时间成本。常见的二维动画软件有 Animate、Retas、Moho 等，本书将以 Animate 软件为平台来讲解二维动画的制作方法。

1.2.1 二维动画的运动原理

通常，二维动画中角色动作的绘制顺序是先绘制原画再加中间画。如图 1 - 2 - 1 所示，按照动画轨目提示信息，小球是从位置 1 移动到位置 5，那么首先要绘制出小球的起始状态（原画 1），再绘制小球运动到终点后的状态（原画 5），然后根据原画 1 和原画 5 的距离，在中间位置绘制小原画 3，并根据原画 1 与小原画 3 的距离绘制中间画 2，根据小原画 3 与原画 5 的距离绘制中间画 4。也就是说，案例中的绘画顺序为 1、5、3、2、4。

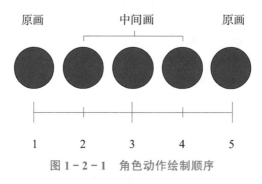

图 1 - 2 - 1 角色动作绘制顺序

🔊 **知识拓展**

在设计原画的动作时，若要表现时间和速度感，要使动画制作人员了解在什么地方插入中间画，要画几张，就必须有清楚的轨目。例如，某一物体由左移动到右，整个移动路线就是动作轨迹，标示、分配和控制这个轨迹的就是轨目。如图 1 - 2 - 2（a）所示的小球将做匀速运动，如图 1 - 2 - 2（b）所示的小球的移动速度是先快后慢。

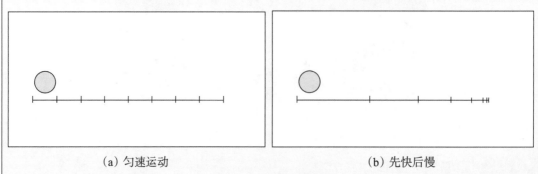

（a）匀速运动 （b）先快后慢

图 1 - 2 - 2 轨目示意图

不同的动画公司或项目对轨目的标注会有些许差异。例如，一些公司和项目中，原画采用数字加圆圈的形式表示，小原画为数字加三角，中间画只标注数字，如图 1 - 2 - 3 所示。

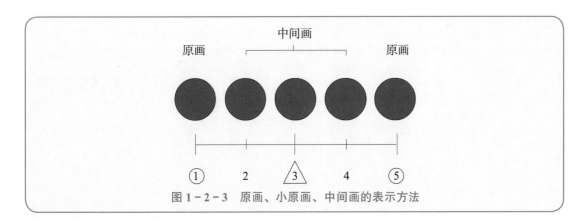

图 1-2-3 原画、小原画、中间画的表示方法

1.2.2 中间画的绘制方法

1. 简单动画的中间画绘制

传统纸绘动画制作方式需要用到定位尺，将打好孔的动画纸固定在定位尺上，然后放在拷贝台或拷贝箱上，在灯箱的照射作用下就可以清晰地看见下一张纸上的图案。如果在电脑上通过 Animate 制作动画则省去了这些操作，可以通过【绘图纸外观】功能观察前后数帧画面的内容。

绘制中间画，有时候需要借助一些辅助线。例如直线的移动，如果在纸上绘制则需要使用打孔纸，用定位尺固定好位置，每条线分别画在一张单独的纸上，如图 1-2-4 所示；在 Animate 软件中，每一张纸对应的都是一个关键帧，如图 1-2-5 所示。

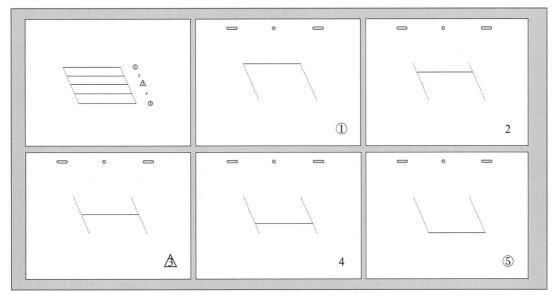

图 1-2-4 纸绘直线

类似这种造型简单、运动方向单一的动画，在 Animate 中可以通过添加补间的方式直接生成。在第 1 帧上绘制出原画 1，如图 1-2-6 所示；在第 5 帧处按【F6】键创建关键帧，将直线移动到相应位置，如图 1-2-7 所示；然后执行补间命令自动生成中间画。选择第 1 帧至第 5 帧，执行【鼠标右键】-【创建补间形状】命令也可以达到一样的

二维动画制作

效果，如图1-2-8、图1-2-9所示。

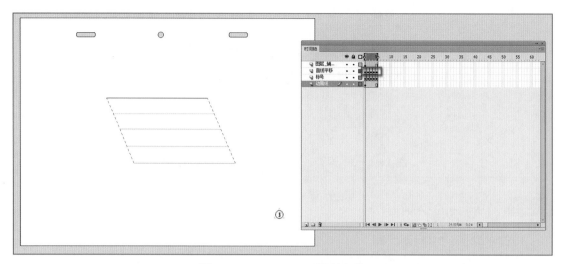

图1-2-5 Animate 绘制直线

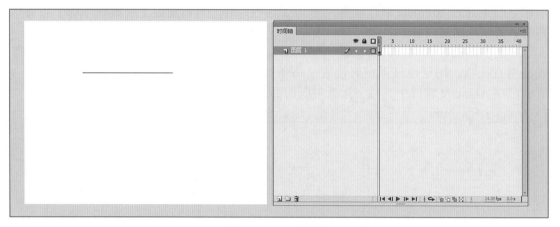

图1-2-6 原画1

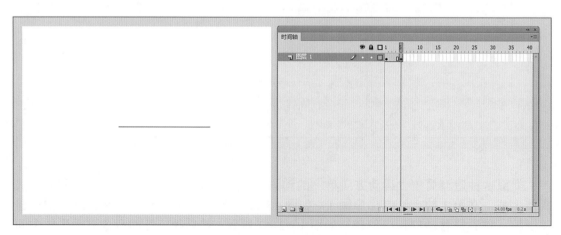

图1-2-7 原画5

12

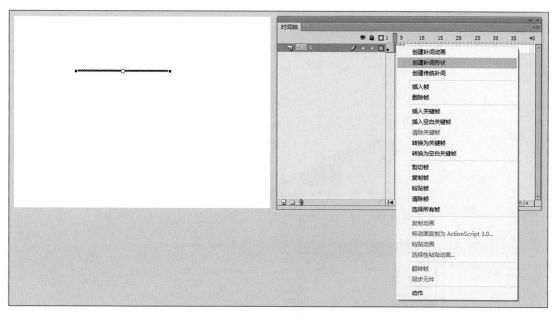

图 1−2−8　选择要创建补间形状的区域

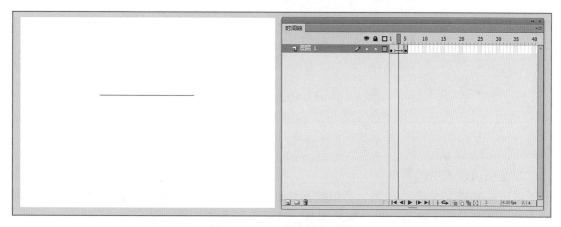

图 1−2−9　创建补间形状

　　中间画的练习是学习制作动画的基础。中间画的绘制是一项非常繁重而又细致的工作，要确保线条匀称、准确，表达出造型特点，这就要求动画制作人员有足够的耐心和细心。

提示

　　补间分为两种："传统补间"和"形状补间"。其中，"传统补间"是指制作对象位置的移动和大小、方向的变化；"形状补间"是指制作对象形状的变化。通常，在动画项目中很少出现对纯粹的几何形体和简单的图形添加中间画的情况，多是造型复杂的对象，我们可以通过拆分的方式来创建补间。如把一条鱼拆分成几个几何形体，然后分层创建补间，如图 1−2−10 所示。

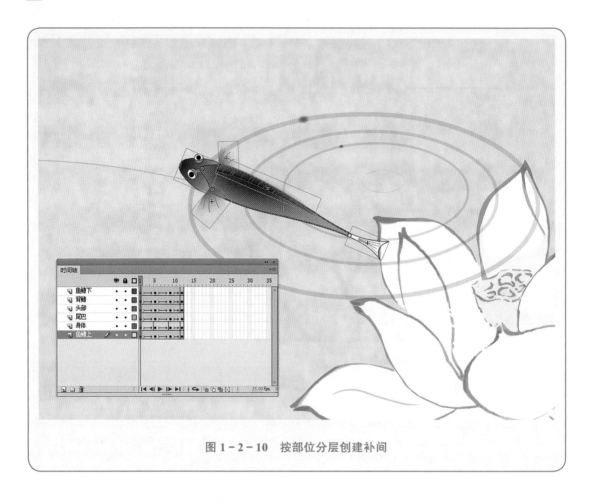

图 1-2-10　按部位分层创建补间

2. 复杂动画的中间画绘制

对于一些造型复杂的动画，可以按照传统的方式添加中间画，首先通过【绘图纸外观】功能观察前后原画的动作轮廓和细节，然后进行中间画的绘制。

单击【绘图纸外观】按钮，将观察范围调整为第 1 帧至第 5 帧，原画 1 至原画 5 中箭头的变化过程如图 1-2-11 所示；在第 3 帧处按【F7】键创建空白关键帧，如图 1-2-12 所示；根据前后原画内容绘制中间画 3，如图 1-2-13 所示；在第 1 帧和第 3 帧中间创建空白关键帧，绘制中间画 2，如图 1-2-14 所示；采用同样的方法绘制中间画 4，如图 1-2-15 所示。最终效果如图 1-2-16 所示。

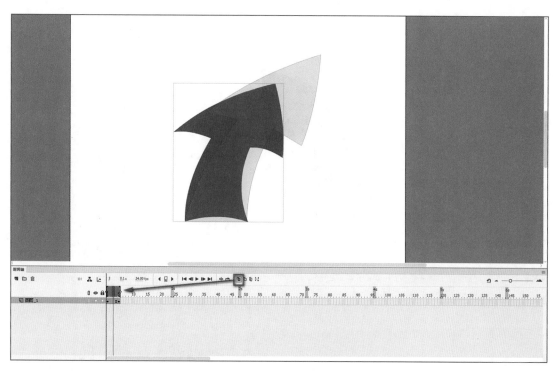

图 1 - 2 - 11 打开绘图纸外观

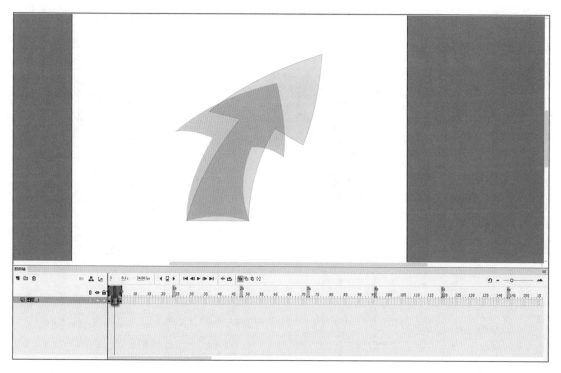

图 1 - 2 - 12 创建空白关键帧

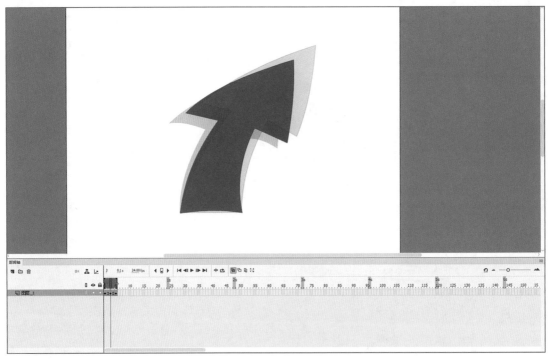

图 1 - 2 - 13　绘制中间画 3

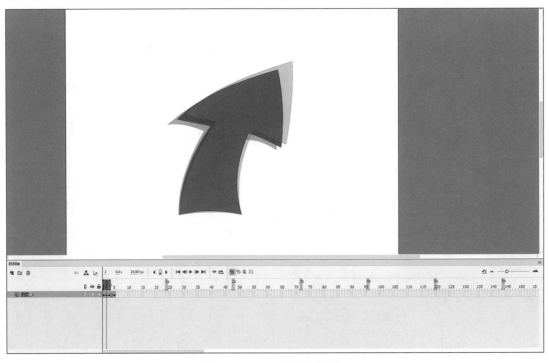

图 1 - 2 - 14　绘制中间画 2

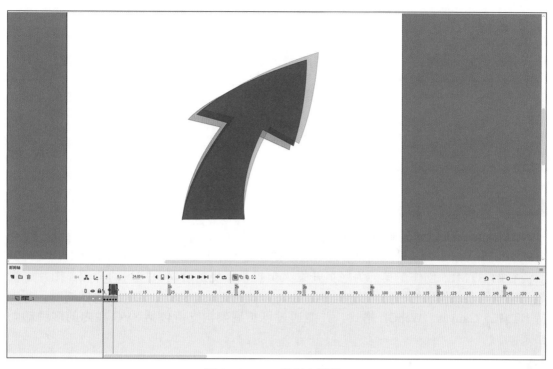

图 1 - 2 - 15　绘制中间画 4

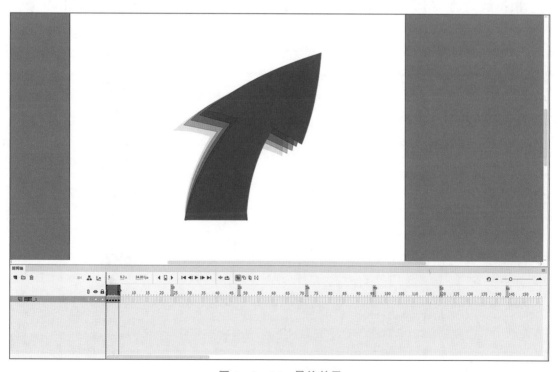

图 1 - 2 - 16　最终效果

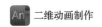

> 💡 **提示**
>
> 　　应用 Animate 软件制作动画时，灵活使用【绘图纸外观】功能对前后帧的内容进行观察分析能大大提高工作效率。

An 任务 1.3　Animate 软件基础

1.3.1　Animate 软件概述

　　Animate 是一款集动画制作与应用程序开发于一身的创作型软件，由原 Adobe Flash Professional CC 更名、升级而来。Animate 在保留了原 Flash 开发工具的基础上，支持目前流行的 HTML5 创作工具，为网页开发人员提供了更适合网页应用的音频、图片、视频、动画等多媒体素材的创作支持。Animate 在支持 Flash SWF、AIR 格式的同时，还支持 HTML5 Canvas、WebGL 格式，并能通过可扩展架构支持包括 SVG 在内的多种动画格式。

1.3.2　Animate 软件界面介绍

　　根据默认的工作区布局，Animate 界面由以下几个主要区域组成，如图 1-3-1 所示。

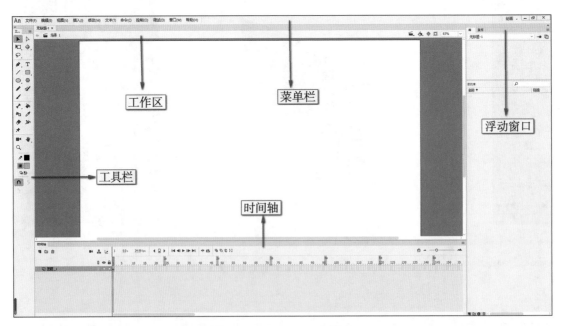

图 1-3-1　Animate 界面

　　【菜单栏】包含各项软件功能；【工具栏】整合了多种常用工具；【时间轴】是实现动画功能的重要区域；【工作区】包含了舞台、当前文件名、缩放比例等项，是进行动画制作的实际工作区域；【浮动窗口】中的【属性】面板用于设置当前操作工具的具体属性。

1.3.3 工具栏

【工具栏】中的工具主要用于编辑【工作区】中的内容。将光标移动到工具上会显示该工具的名称及快捷键。有些工具右下角带有小三角图标，表示还有附加工具，可以按住鼠标左键调出附加工具，如图 1-3-2 所示。

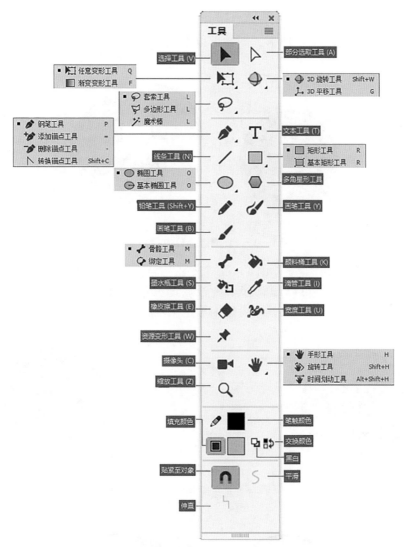

图 1-3-2　工具栏

1. 选择工具

【选择工具】用于选取、移动和编辑对象，只有将对象选取后，才能对其进行编辑。选取的方法有两种，分别是框选和点选。

框选是指用鼠标框出要选择的部分或全部对象。选中的对象呈雪花点状态，可以随意拖动，如图 1-3-3 所示。

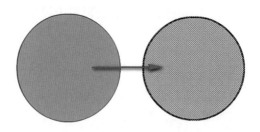

图 1－3－3　选择前后对比

框选还可以用于选择局部图形，同样可以随意移动选中区域，如图 1－3－4 所示。

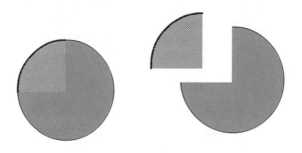

图 1－3－4　框选部分内容并移动

点选多用于选择"位图"、"元件"或"文字"等，在指向的对象上单击即可将同属性元素选中，选中的对象可以随意移动。若点选黄色区域，则可选中黄色的圆形，如图 1－3－5 所示；若点选边缘线，则可选中黑色圆环，如图 1－3－6 所示。

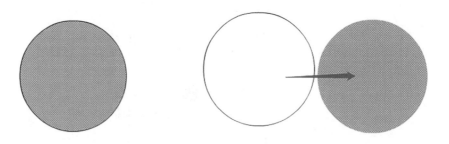

图 1－3－5　点选填充颜色部分并移动

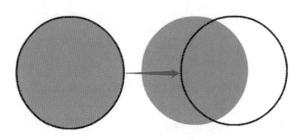

图 1－3－6　点选边缘线并移动

【选择工具】也可以用来修改线条和图形。将箭头靠近图形，箭头右下角会出现一条弧线，表示可以直接拖动边框使其变形，如图1-3-7所示。

图1-3-7 拖动轮廓线

将箭头靠近线条的拐角处，箭头右下角会出现一个直角，表示可以直接拖动角点使其变形，如图1-3-8所示。

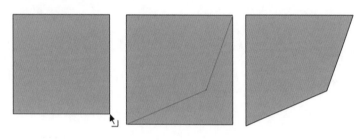

图1-3-8 拖动角点

2. 部分选取工具

【部分选取工具】用于移动锚点从而调整直线段的长度、角度或者曲线段的斜率。被选中的锚点为实心点，未被选中的为空心点，如图1-3-9所示。

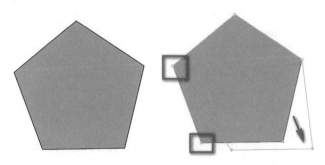

图1-3-9 移动锚点

3. 任意变形工具

【任意变形工具】用于对图形进行旋转、缩放、扭曲及造型编辑，如图1-3-10所示。

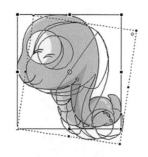

图 1-3-10　旋转并缩放

🔊) **知识拓展**

　　选择【任意变形工具】后，配合【工具栏】的属性选项区域提供的工具可实现多种变形功能，如图 1-3-11 所示。

图 1-3-11　【任意变形工具】的扩展属性

　　例如，选择【旋转与倾斜】工具，将光标移动到所选图形边角的黑色小方块上，在光标变形后，按住并拖动鼠标，即可对选取的图形进行旋转或倾斜操作。移动光标到所选图形的中心，在光标变形后，对表示图形中心点的小圆圈进行移动，可以改变图形在旋转时的中心，如图 1-3-12 所示。

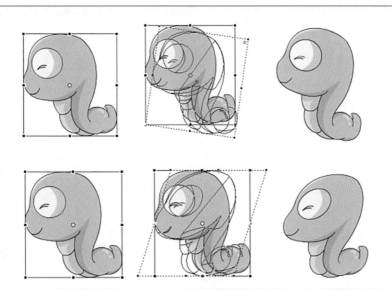

图 1 - 3 - 12 旋转与倾斜

【缩放】用于对选取的图形进行水平方向缩放、垂直方向缩放、等比例缩放等操作，如图 1 - 3 - 13 至图 1 - 3 - 15 所示。

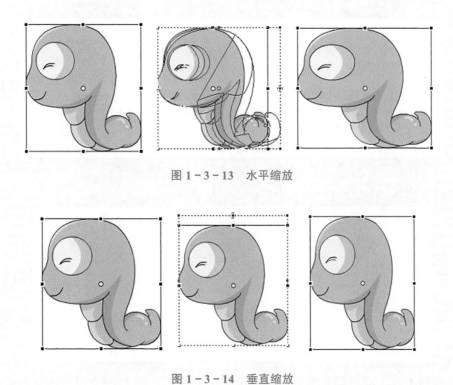

图 1 - 3 - 13 水平缩放

图 1 - 3 - 14 垂直缩放

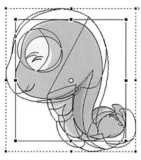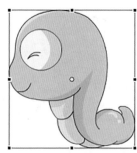

图 1 - 3 - 15　等比缩放

　　移动光标到所选图形边角的黑色小方块上,在光标改变形状后拖动鼠标,可以对图形进行扭曲操作,如图 1 - 3 - 16 所示。

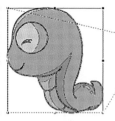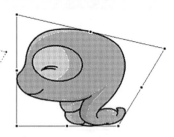

图 1 - 3 - 16　扭曲

　　【封套工具】用于在所选图形的边框上设置封套节点,用鼠标拖动这些封套节点及其控制点,可以方便地对图形进行造型编辑,如图 1 - 3 - 17 所示。

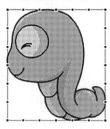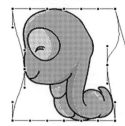

图 1 - 3 - 17　封套

4. 3D 旋转工具组

　　【3D 旋转工具】只对影片剪辑有效。绘制一个图形,按【F8】键,将其转换为"元件 - 影片剪辑",如图 1 - 3 - 18 所示;选择【3D 旋转工具】后即可通过设置 X、Y、Z 轴对其进行编辑,如图 1 - 3 - 19、图 1 - 3 - 20 所示。

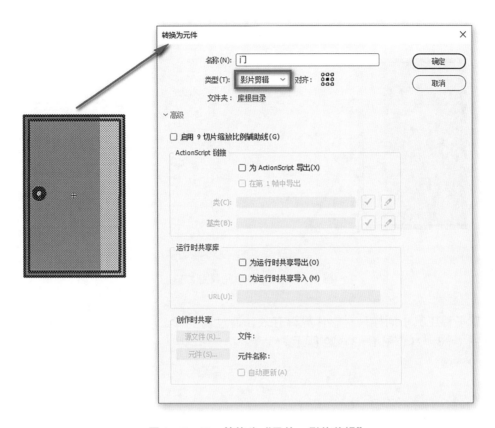

图 1 - 3 - 18　转换为"元件 – 影片剪辑"

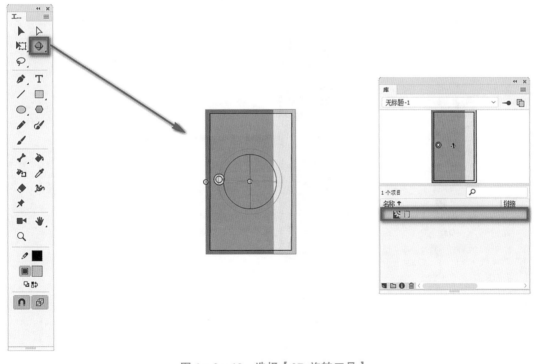

图 1 - 3 - 19　选择【3D 旋转工具】

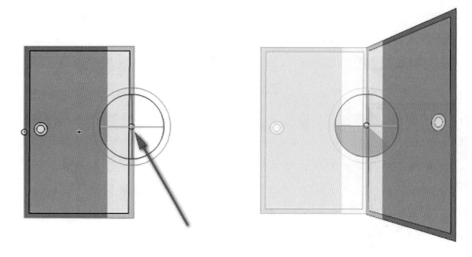

图 1 - 3 - 20　移动并调整 Y 轴

【3D 平移工具】同样只对影片剪辑有效，通过调节 X、Y、Z 轴以达到不同的动画效果，如图 1 - 3 - 21、图 1 - 3 - 22 所示。

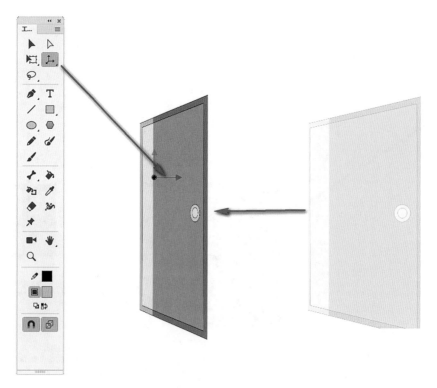

图 1 - 3 - 21　调节 X 轴

图 1 - 3 - 22　调节 Z 轴和 Y 轴

5. 套索工具、多边形工具、魔术棒

【套索工具】、【多边形工具】、【魔术棒】均为用于选择区域内容的工具。导入一张位图（见图 1 - 3 - 23），按【Ctrl+B】快捷键将图形分离（见图 1 - 3 - 24）后再用不同的工具选中的效果如图 1 - 3 - 25 至图 1 - 3 - 27 所示。

图 1 - 3 - 23　导入图片

图 1 - 3 - 24　分离

图 1 - 3 - 25　使用【套索工具】选择

图 1 - 3 - 26　使用【多边形工具】选择

图 1 - 3 - 27　使用【魔术棒】选择

6. 钢笔工具组

　　选择【钢笔工具】,在舞台上单击确定一个锚点,再在锚点周围任意位置单击,即可绘制一条直线,按住鼠标左键拖动则可以绘制曲线,路径上的锚点(黑色小正方形)被称为转角点。【添加锚点工具】和【删除锚点工具】用于在线条上添加或删除锚点;使用【转换锚点工具】调整锚点两侧的杠杆,可使直线变成弧线。【钢笔工具】组中均为绘制工具,可相互配合使用来修改图形,如图 1 - 3 - 28 所示。

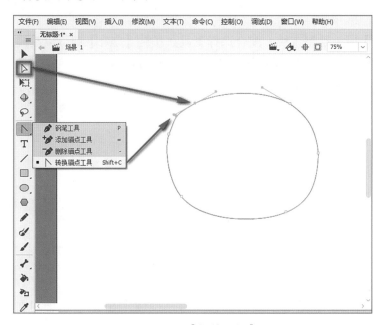

图 1 - 3 - 28　【钢笔工具】组

7. 文本工具

使用【文本工具】创建的文本可用【选择工具】随意调整其在场景中的位置。激活【文本工具】后,【属性】面板中就会显示相关参数设置选项,可以调整文本的字体、大小、样式、颜色、字距、基线、对齐、页边距、缩进和行距等,如图 1 - 3 - 29 所示。

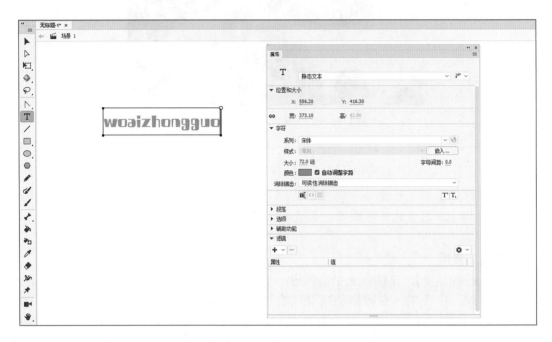

图 1 - 3 - 29　文本工具

8. 线条工具

【线条工具】用于绘制直线,配合选择工具,按住【Alt】键可以在线条上添加锚点,把光标移动到线条中间,可以调整线条的弧度,同时也可以用【笔触颜色】设置线条的颜色,如图 1 - 3 - 30 所示。

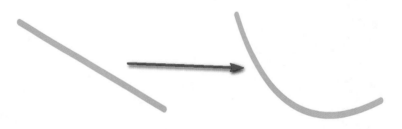

图 1 - 3 - 30　线条工具

9. 矩形工具组

【矩形工具】用于绘制正方形或者长方形,按住【Shift】键即可画出正方形,如图 1 - 3 - 31 所示。

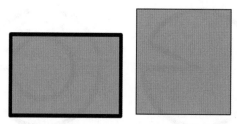

图 1 - 3 - 31　矩形工具

使用【基本矩形工具】绘制的矩形自带 4 个控制点，通过【选择工具】调整控制点，可以让矩形的角变圆滑，形成圆角矩形，这时它共有 8 个控制点，可以分别选择不同的控制点进行调整，如图 1 - 3 - 32 所示。

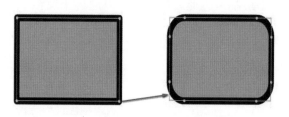

图 1 - 3 - 32　调整矩形圆角弧度

10. 椭圆工具组

【椭圆工具】用于绘制椭圆形，按住【Shift】键可以画出圆形，如图 1 - 3 - 33 所示。

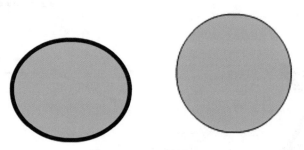

图 1 - 3 - 33　椭圆工具

使用【基本椭圆工具】绘制出的椭圆带有两个控制点，一个在边缘，另一个在中心。用【选择工具】调节边缘的控制点，椭圆会出现一个缺口，相应地也会增加控制点，如图 1 - 3 - 34 所示；调整中心的控制点，可以将中心挖空，变成环形，如图 1 - 3 - 35 所示。

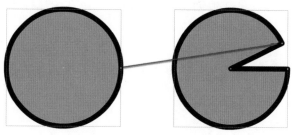

图 1 - 3 - 34　椭圆出现缺口

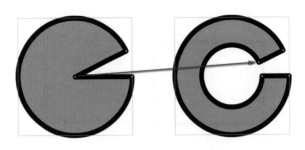

图 1 – 3 – 35　椭圆中心被挖空

11. 多角星形工具

【多角星形工具】用于绘制多边形或星形，可以通过【属性】面板中的【选项】改变多边形或星形的边数，如图 1 – 3 – 36 所示。

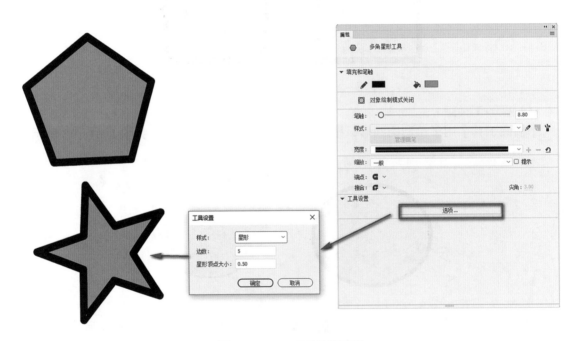

图 1 – 3 – 36　多角星形工具

12. 铅笔工具

使用【铅笔工具】可以灵活地创建矢量线条，可以在【属性】面板中调整颜色、笔触、样式、宽度等属性，如图 1 – 3 – 37 所示。

13. 画笔工具

【画笔工具】有两个，一个用于绘制线条，另一个用于填充颜色，如图 1 – 3 – 38、图 1 – 3 – 39 所示。

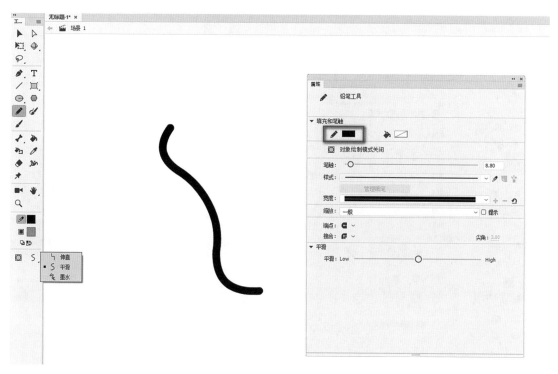

图 1 - 3 - 37 铅笔工具

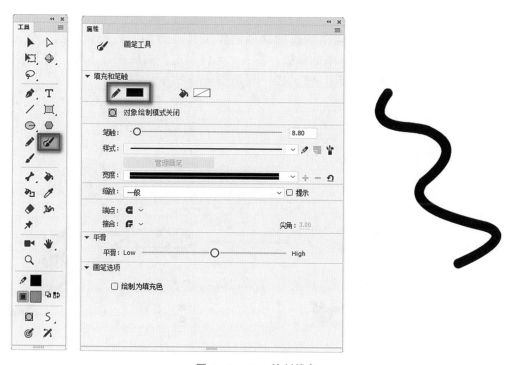

图 1 - 3 - 38 绘制线条

图 1 - 3 - 39　填充颜色

14. 骨骼工具组

【骨骼工具】是模拟骨骼运动状态的动画制作工具。例如，将绘制好的 3 个元件："气球""猴子""礼物"摆好，添加骨骼，将 3 个元件绑定，然后配合【时间轴】创建关键帧，即可形成骨骼动画，如图 1 - 3 - 40、图 1 - 3 - 41 所示。

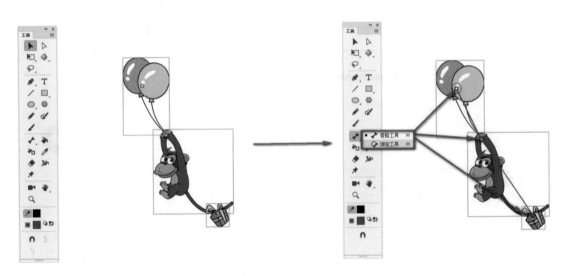

图 1 - 3 - 40　骨骼工具

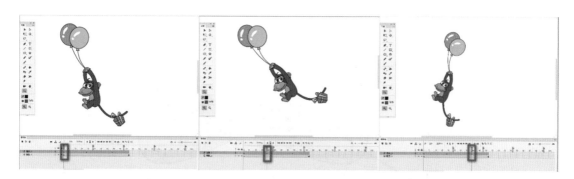

图 1-3-41 调整骨骼动态

【绑定工具】用于选择已经绑定好的骨骼，被选中的部分会呈现黄点，如图 1-3-42 所示；然后可通过【属性】面板中的具体参数设置动画效果，如图 1-3-43 所示。

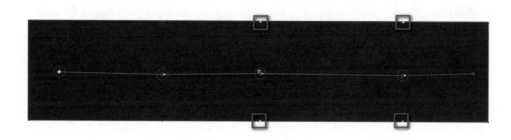

图 1-3-42 绑定工具

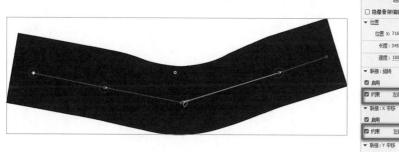

图 1-3-43 【属性】面板参数设置

15. 颜料桶工具

【颜料桶工具】用于为设计好的图形填充颜色，如图 1-3-44 所示。

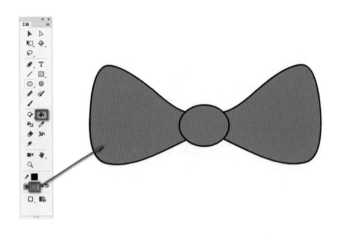

图 1 - 3 - 44　填充颜色

16. 墨水瓶工具

【墨水瓶工具】用于填充边缘线的颜色，可以在【属性】面板中设定线的颜色、宽度和样式等，如图 1 - 3 - 45 所示。

图 1 - 3 - 45　墨水瓶工具

17. 滴管工具

【滴管工具】用于吸取颜色，便于在绘制其他对象时快速获取同种颜色。可以分别吸取边线和填充部分的颜色，如图 1 - 3 - 46、图 1 - 3 - 47 所示。

18. 橡皮擦工具

【橡皮擦工具】用于快速擦除轮廓线或填充区域等工作区中的任何内容，如图 1 - 3 - 48 所示。

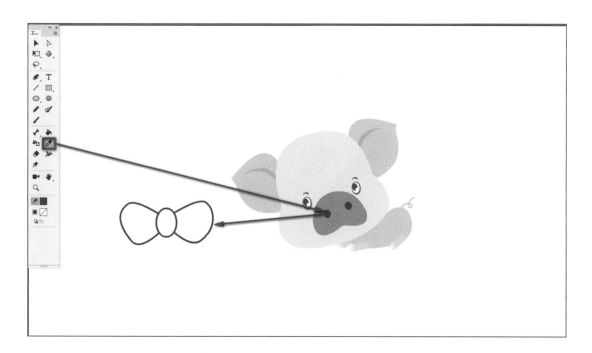

图 1 - 3 - 46 吸取颜色并填充至蝴蝶结轮廓线

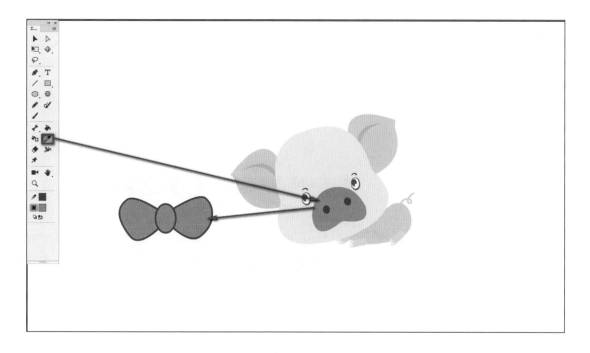

图 1 - 3 - 47 吸取颜色并填充至蝴蝶结内部

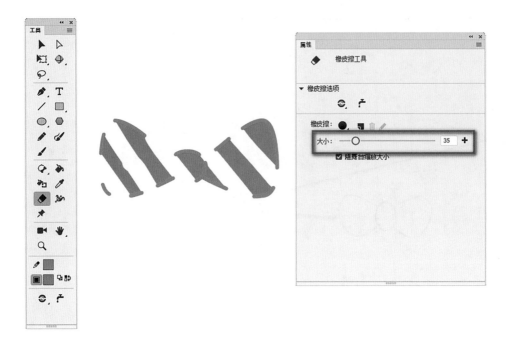

图 1 - 3 - 48　橡皮擦工具

19. 宽度工具

【宽度工具】通过控制线条的锚点来调整线条的形状，如图 1 - 3 - 49 所示。

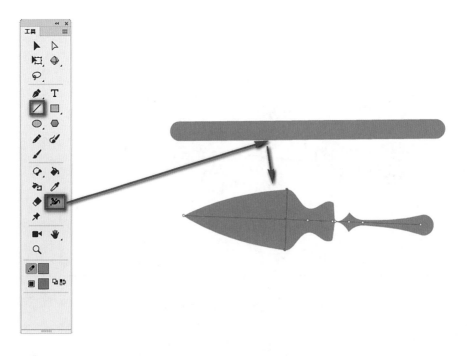

图 1 - 3 - 49　宽度工具

20. 资源变形工具

使用【资源变形工具】对图形添加控制点，再配合【时间轴】创建关键帧，即可编辑其动画效果，如图 1-3-50 至图 1-3-54 所示。

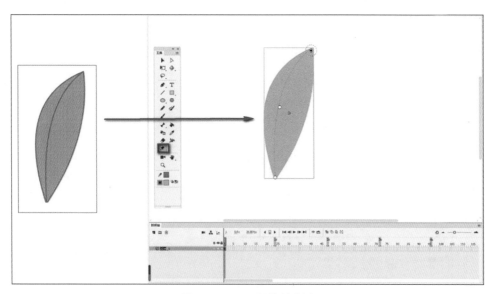

图 1-3-50　添加控制点

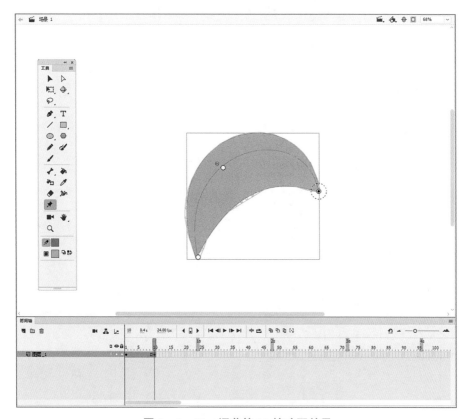

图 1-3-51　调节第 10 帧动画效果

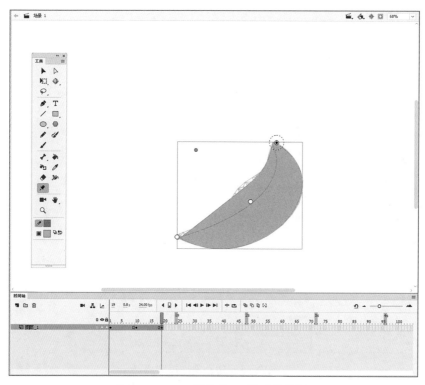

图 1-3-52 调节第 19 帧动画效果

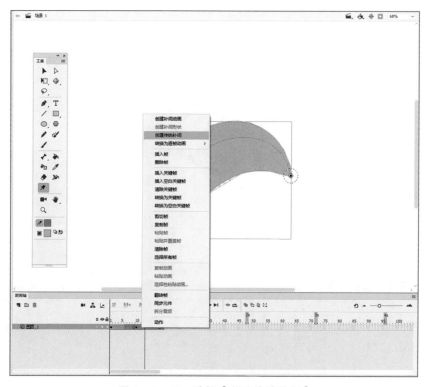

图 1-3-53 选择【创建传统补间】

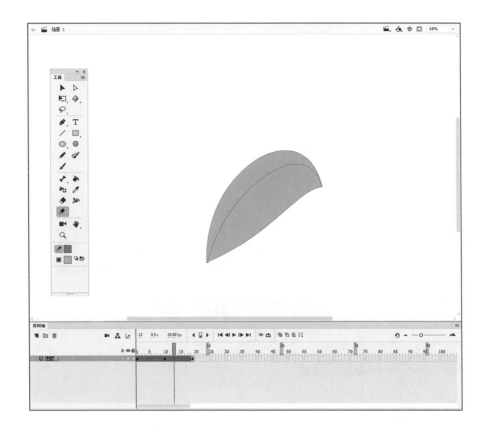

图 1 - 3 - 54　创建传统补间

21. 摄像头

【摄像头】用于对镜头内容的位置、缩放以及旋转等属性进行设置，以模拟摄像机的拍摄效果，使用【摄像头】工具时，【时间轴】中会自动新建一个"Camera"图层，如图 1 - 3 - 55 所示。

22. 手形工具组

【手形工具】用于移动【场景】中的图形；另外，画面放大后，可用手形工具来移动画面，便于找到目标对象。

【旋转工具】用于旋转画面；双击【旋转工具】可令视图复位，如图 1 - 3 - 56 所示。

使用【时间划动工具】左右划动可以预览对象的前后的动画效果，与拨动【时间轴】上的红色指针的效果一样，如图 1 - 3 - 57 所示。

23. 缩放工具

【缩放工具】用于放大、缩小视图，如图 1 - 3 - 58 所示。

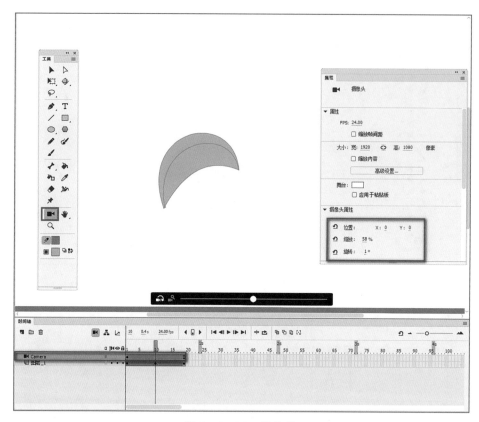

图 1 - 3 - 55　摄像头

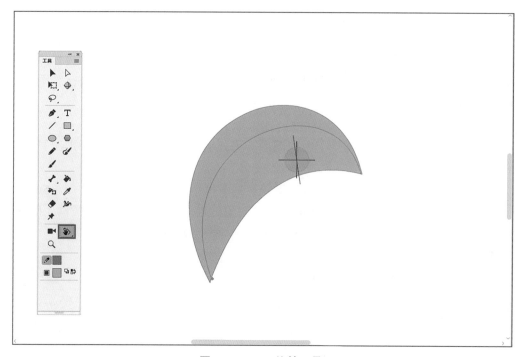

图 1 - 3 - 56　旋转工具

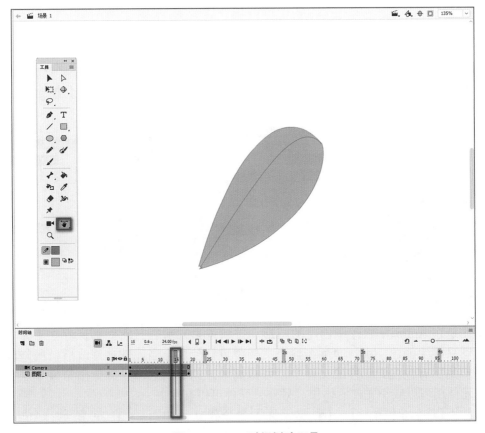

图 1 - 3 - 57 时间划动工具

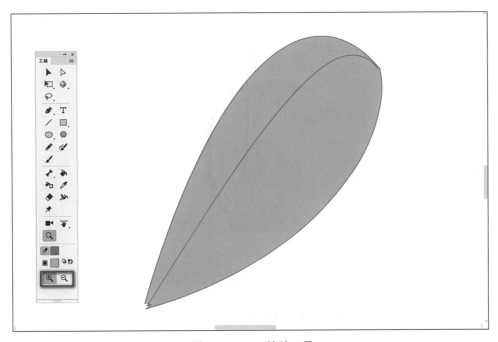

图 1 - 3 - 58 缩放工具

1.3.4 时间轴

【时间轴】是 Animate 软件中的重要工具。在以往的动画制作中，通常要绘制出每一帧图像，而 Animate 使用的是关键帧技术，通过对【时间轴】上的关键帧的设置，自动生成动画，节省了制作人员的时间，提高了工作效率。【时间轴】包含的命令如图 1-3-59 所示。

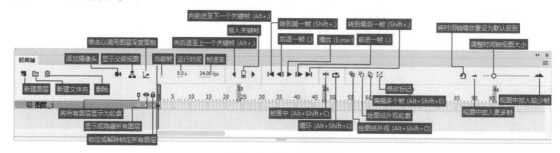

图 1-3-59　时间轴

1.3.5 元件

元件是在 Animate 软件中创建的图形、按钮或影片剪辑，它们都保存在【库】面板中。元件只需要创建一次，即可在整个文档中重复使用。当元件被修改后，所修改的内容会同步到所有包含此元件的文件中，可提高影片的编辑效率，降低出错概率。在文档中使用元件还可以减小文件的体积。另外，元件可以套用。

元件可以通过【插入】-【新建元件】命令建立，如图 1-3-60 所示；Animate 的元件有 3 种：图形、按钮、影片剪辑，如图 1-3-61 所示。

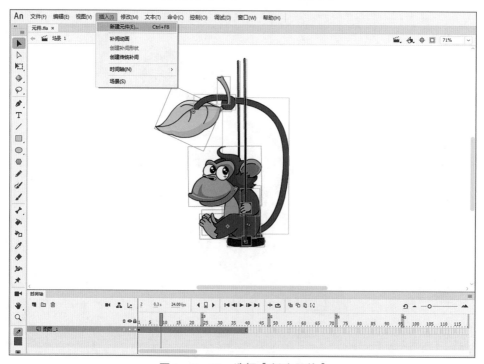

图 1-3-60　选择【新建元件】

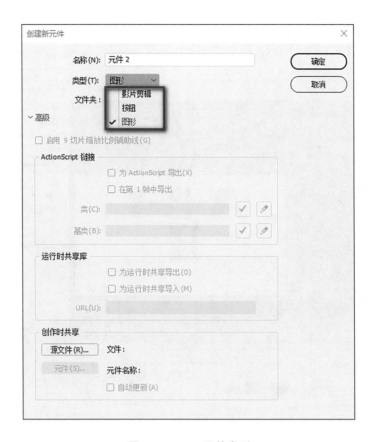

图 1 - 3 - 61 元件类型

> 💡 提示
>
> 图形：依赖主时间轴播放的动画剪辑，不可以加入动作代码。
>
> 按钮：包含"弹起"、"指针经过"、"按下"和"点击"4 个不同状态，可以加入动作代码。
>
> 影片剪辑：可以独立于主时间轴播放的动画剪辑，可以加入动作代码。

1.3.6 补间动画

制作 Animate 动画的常用方法之一是在两个关键帧中间创建补间动画，这样可以通过方便、快捷的方式实现图画的运动。创建补间动画后，两个关键帧之间所插补的帧是由计算机自动运算得到的。

形状补间动画是在 Animate 的【时间轴】上创建的，在一个关键帧上绘制一个图形，在另一个关键帧上更改该图形或绘制另一个图形，Animate 将自动根据二者的相关参数或形状来创建动画，可以实现两个图形之间颜色、形状、大小、位置的变化，如图 1 - 3 - 62 至图 1 - 3 - 64 所示。

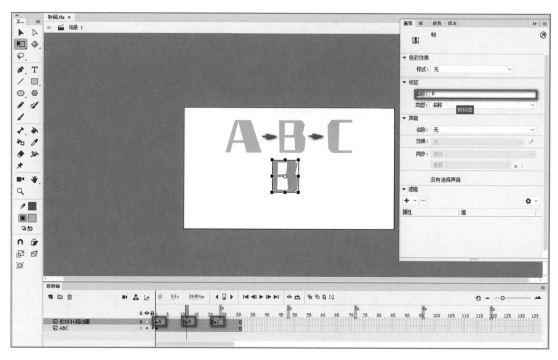

图 1 - 3 - 62　绘制关键帧

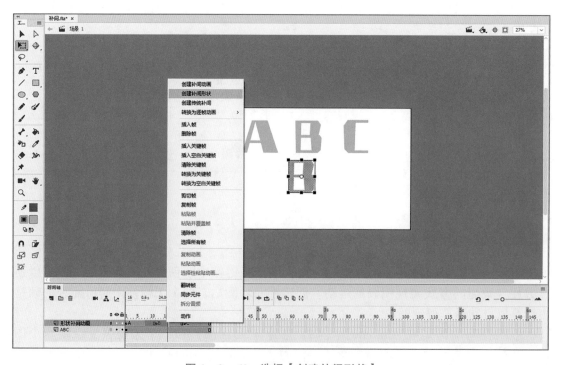

图 1 - 3 - 63　选择【创建补间形状】

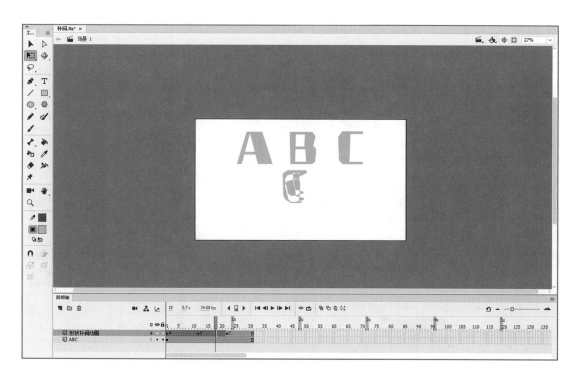

图 1 - 3 - 64　形状补间动画

💡**提示**

　　形状补间动画创建后,【时间轴】的背景色变为土黄色,起始帧和结束帧之间出现一个长箭头。构成形状补间动画的元素不能是图形元件、按钮、文字等,如果要使用这些元素制作形状补间动画,则必须先将其分离(按【Ctrl+B】快捷键)。

　　传统补间动画是在 Animate 的【时间轴】上创建的,在一个关键帧上放置一个元件,在另一个关键帧上改变这个元件的大小、颜色、位置、透明度等,Animate 将自动根据二者的相关参数来创建动画,如图 1 - 3 - 65 至图 1 - 3 - 67 所示。

图 1 – 3 – 65　设计关键帧动作位置

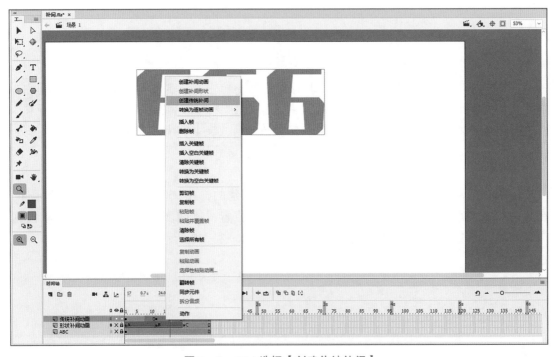

图 1 – 3 – 66　选择【创建传统补间】

图 1 - 3 - 67　传统补间动画

💡提示

　　传统补间动画建立后，【时间轴】的背景色变为淡紫色，起始帧和结束帧之间出现一个长箭头。构成动作补间动画的元素是元件，包括影片剪辑、图形、按钮、文字等，但不能是形状，只有将形状组合（按【Ctrl+G】快捷键）或者转换为元件后才可用于制作传统补间动画。

　　"帧"是动画中的最小单位，是单幅影像画面，相当于电影胶片上的一格镜头。在 Animate 的【时间轴】上，"帧"表现为一格或一个标记。关键帧相当于二维动画中的原画，指角色或者物体在运动或变化过程中的关键动作所处的那一帧。关键帧与关键帧之间的动画可以由 Animate 来创建，叫作过渡帧或中间帧。

　　新建的空白文档中，帧为一个空心圆，也叫空白关键帧，如图 1 - 3 - 68 所示；绘制内容后空心圆变成实心圆，也叫关键帧，如图 1 - 3 - 69 所示；按【F5】键可创建帧，如图 1 - 3 - 70 所示；在第 8 帧处按【F6】键可创建关键帧，如图 1 - 3 - 71 所示，按【F7】键则是创建空白关键帧，如图 1 - 3 - 72 所示。

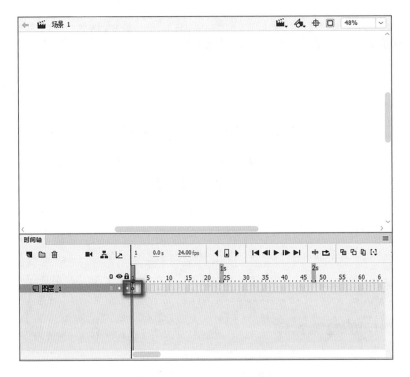

图 1 - 3 - 68　空白关键帧

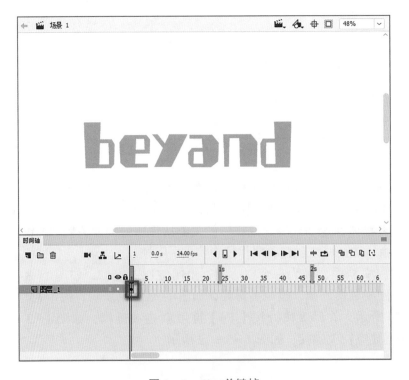

图 1 - 3 - 69　关键帧

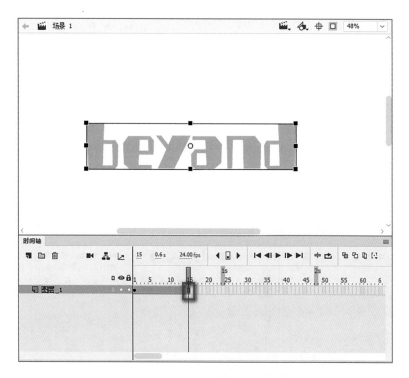

图 1 - 3 - 70 创建帧

图 1 - 3 - 71 创建关键帧

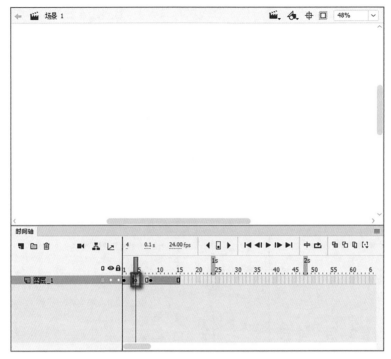

图 1-3-72　创建空白关键帧

💡提示

　　制作二维动画时，不仅要灵活运用软件，更要掌握动画对象的运动规律，将理论知识与软件功能结合起来才能事半功倍。另外，使用快捷键可使动画制作更加高效。Animate 的常用快捷键见表 1-3-1。

表 1-3-1　Animate 的常用快捷键

名称	快捷键
文件类	
新建	Ctrl+N
从模板新建	Ctrl+Shift+N
打开	Ctrl+O
关闭	Ctrl+W
全部关闭	Ctrl+Alt+W
保存	Ctrl+S
另存为	Ctrl+Shift+S
导入到舞台	Ctrl+R
打开外部库	Ctrl+Shift+O
导出影片	Ctrl+Alt+Shift+S
发布设置	Ctrl+Shift+F12
发布	Alt+Shift+F12

续表

名称	快捷键
退出	Ctrl+Q
修改类	
转化为元件	F8
分离	Ctrl+B
组合	Ctrl+G
工具栏	
选择工具	V
渐变变形工具	F
套索工具	L
钢笔工具	P
转换锚点工具	Shift+C
矩形工具	R
基本椭圆工具	O
画笔工具	B
颜料桶工具	K
橡皮擦工具	E
摄像头	C
时间划动工具	Alt+Shift+H
部分选取工具	A
3D 旋转工具	Shift+W
多边形工具	L
添加锚点工具	=
文本工具	T
基本矩形工具	R
铅笔工具	Shift+Y
骨骼工具	M
墨水瓶工具	S
宽度工具	U
手形工具	H
缩放工具	Z
任意变形工具	Q
3D 平移工具	G
魔术棒	L
删除锚点工具	-
线条工具	N
椭圆工具	O
画笔工具	Y
绑定工具	M
滴管工具	I
资源变形工具	W
旋转工具	Shift+H

续表

名称	快捷键
编辑类	
撤销	Ctrl+Z
重做	Ctrl+Y
剪切	Ctrl+X
复制	Ctrl+C
粘贴到中心位置	Ctrl+V
粘贴到当前位置	Ctrl+Shift+V
直接复制	Ctrl+D
全选	Ctrl+A
取消全选	Ctrl+Shift+A
查找和替换	Ctrl+F
查找下一个	F3
删除帧	Shift+F5
剪切帧	Ctrl+Alt+X
复制帧	Ctrl+Alt+C
粘贴帧	Ctrl+Alt+V
选择所有帧	Ctrl+Alt+A
视图类	
放大	Ctrl+=
缩小	Ctrl+-
轮廓	Ctrl+Alt+Shift+O
高速显示	Ctrl+Alt+Shift+F
消除锯齿	Ctrl+Alt+Shift+A
消除文字锯齿	Ctrl+Alt+Shift+T
标尺	Ctrl+Alt+Shift+R
隐藏边缘线	Ctrl+Shift+E
插入类	
创建元件	Ctrl+F8
创建帧	F5
创建关键帧	F6
创建空白关键帧	F7

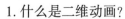
技能检测

1. 什么是二维动画？
2. 简述二维动画的制作流程。
3. 使用 Animate 软件绘制一个动画形象。
4. 应用【绘图纸外观】功能逐帧添加下列各图的中间画。

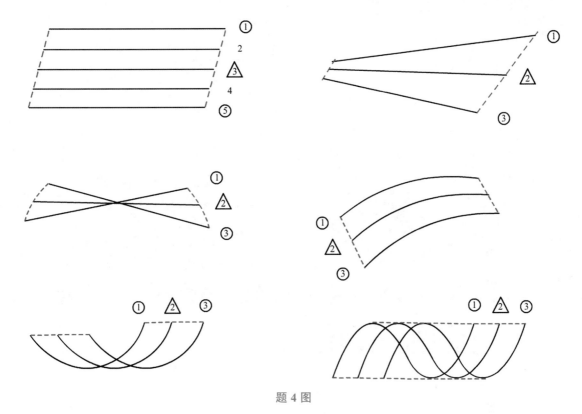

题 4 图

5.采用补间的形式，按照 1、9、5、3、7、2、4、6、8 的顺序绘制图例中圆形到五星的变化动画。

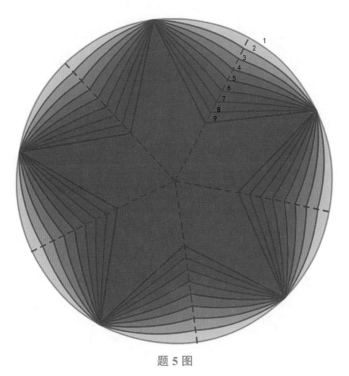

题 5 图

单元 2
角色动画的制作

单元导读

　　本单元主要讲解运用 Animate 软件制作角色动画的基本方法，包括角色的表情变化，角色的走路、跑步等基本动作，帮助同学们熟悉如何使用 Animate 软件进行角色动画的制作。

学习目标

　　1. 掌握使用 Animate 制作角色表情动画的方法。
　　2. 掌握使用 Animate 制作角色走路动画的方法。
　　3. 掌握使用 Animate 制作角色跑步动画的方法。

思政目标

　　通过学习角色表情动画，角色走路、跑步动画的制作知识，使学生养成认真观察、从生活中积累素材的学习方法，体会到艺术源于生活、高于生活。

任务 2.1　制作角色表情动画

任务描述

　　表情可以将角色的心理变化传达出来，是角色性格、情感的基本表现。其中，眉毛、眼睛、鼻子、嘴的变化最为明显。本任务要求同学们先对某一个角色的五官变化进行分析，熟悉了表情变化规律后，再使用 Animate 制作该角色的基本表情动画，包括笑、怒、哀、惊。最终效果如图 2-1-1 所示。

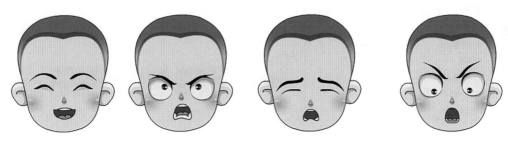

图 2-1-1　最终效果

任务分析

　　角色的情绪转变会令五官产生一些微妙的变化，制作表情动画的关键就是根据不同的情绪找准五官的特点。例如，开心的时候，眉毛和眼睛都是弯曲的，嘴角跟着上翘；愤怒的时候，五官会比较紧凑，眉毛上挑，瞪眼张鼻，嘴角下垂；哀伤的时候，眉尾下垂，嘴角下垂，眼睛无神，眼角下垂；吃惊的时候，扬眉瞪眼，嘴巴张开。要想制作出准确的表情动画，就需要对角色不同表情对应的五官特点进行分析总结。

理论知识点

　　角色情绪转变时五官的变化特点。

技能知识点

　　【绘制对象】和【组】的使用；逐帧动画的制作。

2.1.1　笑

任务步骤

　　1. 新建文档

　　步骤 1　打开 Animate 软件，执行【文件】-【新建】命令，选择适当的分辨率（这里选择"全高清 1920×1080"），单击【创建】按钮，新建文档，如图 2-1-2、图 2-1-3 所示。

001 表情
动画-笑

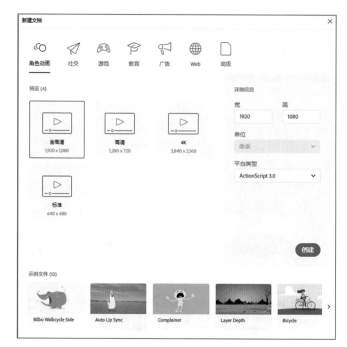

图 2 - 1 - 2　执行【文件】-【新建】命令　　　　图 2 - 1 - 3　新建文档

2. 绘制角色

步骤 2　使用【绘制对象】或【组】命令在同一个图层上绘制出角色的头部轮廓、头发和五官细节，如图 2 - 1 - 4 所示。

图 2 - 1 - 4　绘制角色

💡 提示

　　Animate 软件中，可以使用【线条工具】、【矩形工具】、【圆形工具】、【多角星形工具】、【铅笔工具】和【画笔工具】进行角色的绘制。

　　（1）使用【线条工具】绘制一条直线，按住【Alt】键后使用【选择工具】添加锚点，如图 2-1-5 所示；使用【选择工具】调整线条弧度，如图 2-1-6 所示；调整角色的脸型轮廓并使用【颜料桶工具】填充皮肤颜色，如图 2-1-7 所示。

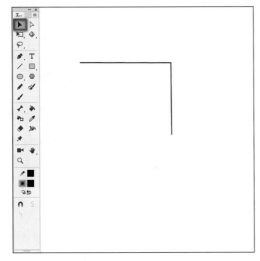
图 2-1-5　添加锚点

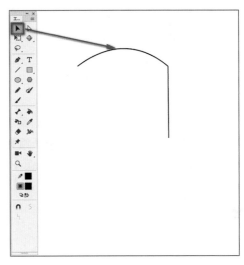
图 2-1-6　调整线条弧度

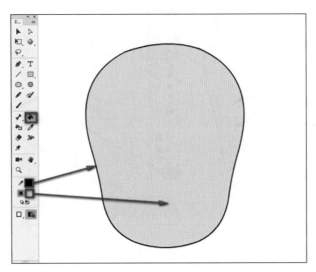
图 2-1-7　填色

　　（2）直接绘制的图形在选择状态下呈现点状效果，如图 2-1-8 所示；调整绘制好的眉眼位置以及形状时，就会出现漏色，如图 2-1-9 所示。

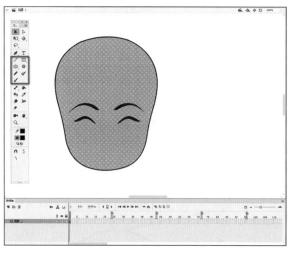

图 2-1-8　图形

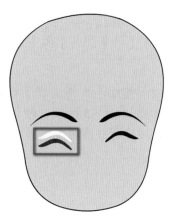

图 2-1-9　眼睛处漏色

（3）想要在同一图层内任意移动绘制好的部位且不出现漏色情况，可使用【绘制对象】或者【组】命令来处理。选择绘制好的眼睛，按【Ctrl+G】快捷键将眼睛转化为【组】，如图 2-1-10 所示；可以在【线条工具】、【矩形工具】、【圆形工具】、【多角星形工具】、【铅笔工具】或【画笔工具】等工具下使用【绘制对象】命令进行编辑，如图 2-1-11 所示。

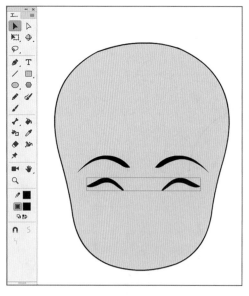

图 2-1-10　转化为【组】

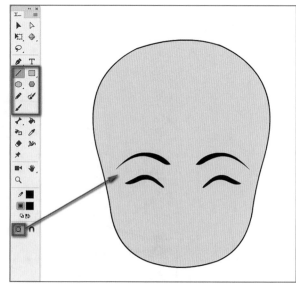

图 2-1-11　编辑对象

（4）还可以使用【绘制对象】和【组】命令在同一图层内调整对象的上下层关系，如图 2-1-12 所示。

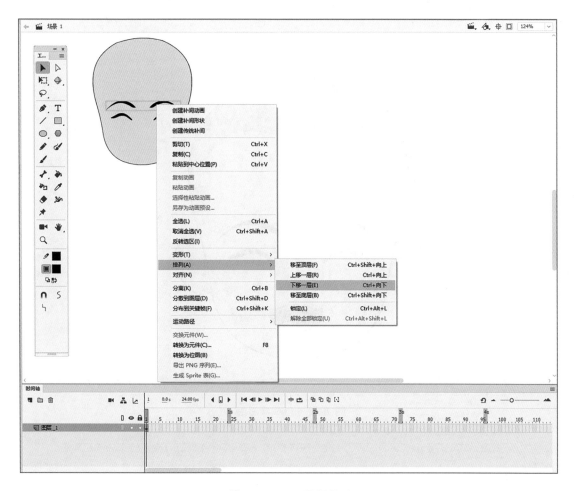

图 2-1-12　层级关系

3. 制作角色表情动画

步骤 3　按【Ctrl+Shift+Alt+R】快捷键调出【标尺】，设置几条参考线来记录眉毛、眼睛、鼻子、嘴巴、耳朵的位置，如图 2-1-13 所示。

步骤 4　选择要制作动画的图层，按【F6】键创建关键帧，如图 2-1-14 所示；由于角色在笑的时候头会抬高一些，所以可以将角色的发际线、眉毛、眼睛、鼻子、嘴的位置向上调整，耳朵向下调整，如图 2-1-15 所示。

步骤 5　选择制作好的第 1、3 关键帧，按住【Alt】键向后拖动，复制关键帧，如图 2-1-16、图 2-1-17 所示。

图 2 - 1 - 13　参考线

图 2 - 1 - 14　创建关键帧

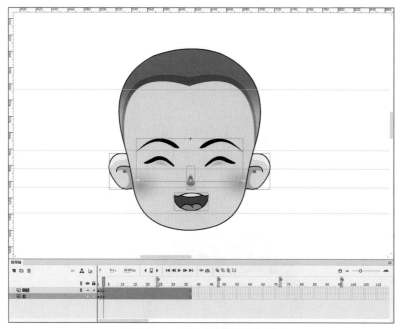

图 2 - 1 - 15　调整五官位置

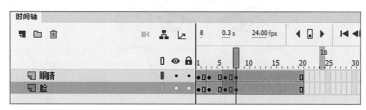

图 2 - 1 - 16　复制关键帧

图 2 - 1 - 17　复制关键帧效果

2.1.2 怒

任务步骤

1. 绘制角色

步骤 1 使用【绘制对象】或【组】命令在同一个图层上绘制出角色的头部轮廓，确定角色的基础表情以及五官细节，如图 2-1-18 所示。

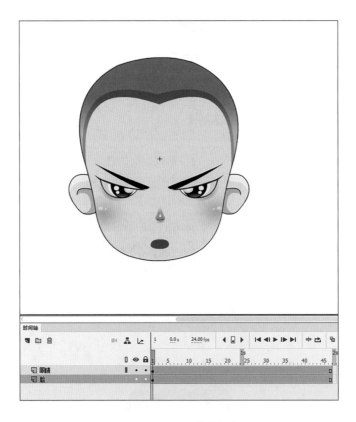

图 2-1-18 绘制角色

2. 制作角色表情动画

步骤 2 选择要制作动画的图层，按【F6】键创建关键帧。绘制时注意人在愤怒的时候会瞪大眼睛，眉肌会收紧，嘴角向下，如图 2-1-19 所示。

步骤 3 创建关键帧，并调整角色愤怒时眉毛、眼睛、鼻子、嘴巴、耳朵等部位的颤抖效果，如图 2-1-20 所示。

步骤 4 选择制作好的第 8、9 关键帧，按【Alt】键向后拖动，复制关键帧，如图 2-1-21 所示。

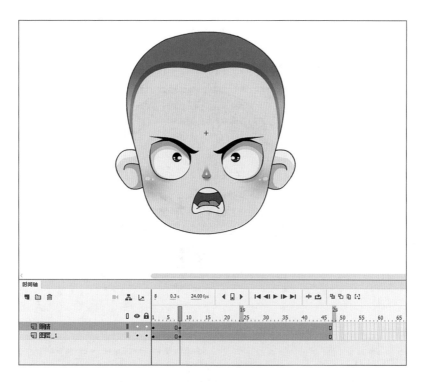

图 2 - 1 - 19　绘制角色表情

图 2 - 1 - 20　调整角色表情动画

图 2 - 1 - 21　复制关键帧

2.1.3 哀

任务步骤

1. 绘制角色

步骤 1　使用【绘制对象】或【组】命令在同一个图层上绘制出角色的头部轮廓。注意人在哀伤的时候眉尾、眼角、嘴角会下垂，根据表情特征绘制出角色的基础表情以及五官细节，如图 2 - 1 - 22 所示。

2. 制作角色表情动画

步骤 2　选择要制作动画的图层，按【F6】键创建关键帧，制作眉毛、眼睛、鼻子、嘴、耳朵等部位因哀伤而导致的抖动效果，如图 2 - 1 - 23 所示。

步骤 3　选择制作好的第 1、3 关键帧，按【Alt】键向后拖动，复制关键帧，如图 2 - 1 - 24 所示。

003 表情
动画 - 哀

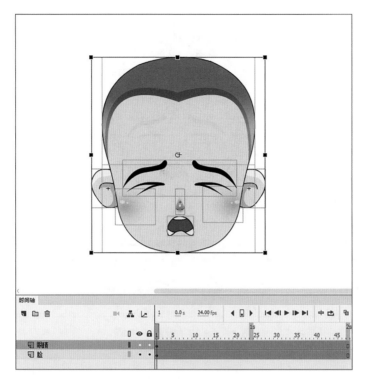

图 2 - 1 - 22 绘制角色

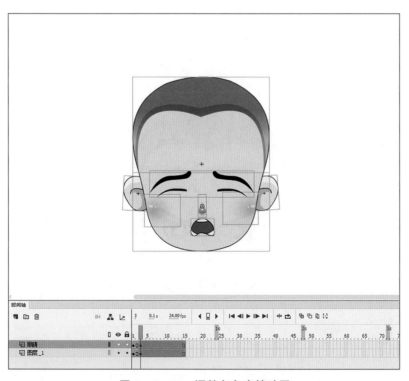

图 2 - 1 - 23 调整角色表情动画

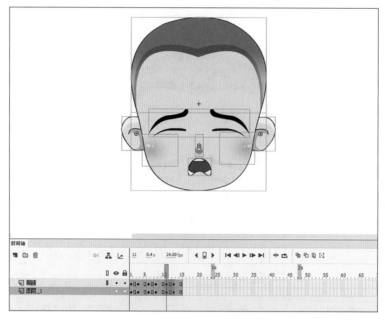

图 2-1-24　复制关键帧

2.1.4　惊

任务步骤

004 表情
动画－惊

1. 绘制角色

步骤 1　使用【绘制对象】或【组】命令在同一个图层上绘制出角色的
头部轮廓，然后绘制吃惊的起始表情，如图 2-1-25 所示。

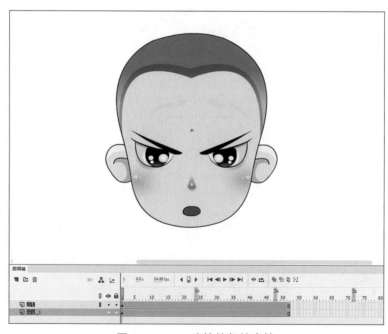

图 2-1-25　吃惊的起始表情

2. 制作角色表情动画

步骤 2　选择要制作动画的图层的第 9 帧，按【F6】键创建关键帧。为了使表情更加逼真，在瞪眼之前先制作一个闭眼的预备动作，眉毛、眼睛、鼻子、嘴、耳朵的位置会因闭眼动作而降低，如图 2-1-26 所示。

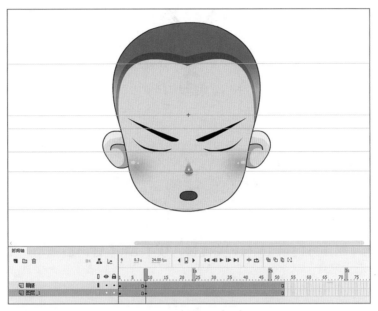

图 2-1-26　闭眼

步骤 3　选择要制作动画的图层的第 15 帧，按【F6】键创建关键帧，绘制五官上扬、瞪眼、张大嘴的表情，如图 2-1-27 所示；在第 16 帧创建关键帧，调整五官，制作出细微抖动的效果，如图 2-1-28 所示。

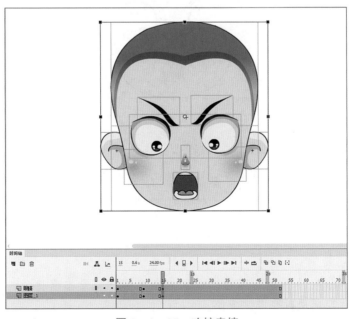

图 2-1-27　吃惊表情

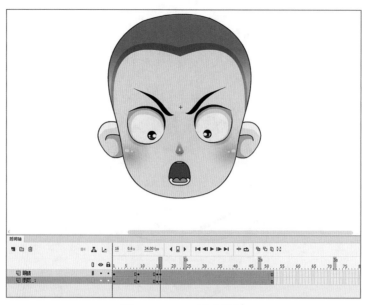

图 2 - 1 - 28　抖动效果

步骤 4　选择制作好的第 15、16 关键帧，按【Alt】键向后拖动，复制关键帧，如图 2 - 1 - 29 所示。

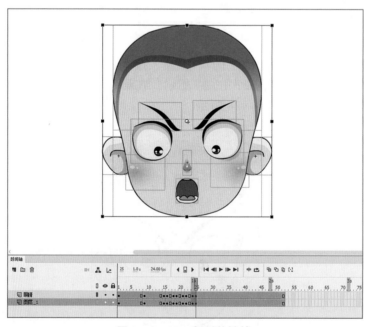

图 2 - 1 - 29　复制关键帧

💡提示

使用 Animate 软件制作动画时，通常将表情制作成动态表情库，如图 2 - 1 - 30 所示，这样在后期调用时会非常方便。

图 2 - 1 - 30　角色动态表情库

知识拓展

在进行表情设计时，要注意以下两点：

（1）连贯性。

进行动作设计之前要对角色要做的动作有足够的理解和认识，对主体结构、形态，以及动作方向、节奏、幅度等进行分析，总结出关键动作，这样才能制作出连贯、自然的表情，如图 2 - 1 - 31 所示。

图 2 - 1 - 31　《光》中的角色表情动画

（2）真实性。

艺术来源于生活，动画也不例外，如经典动画《猫和老鼠》中的很多夸张、有趣的表情，既丰富，又真实。为了画出最生动形象的表情，动画师欧文·斯彭斯（Irv Spence）经常对着镜子做各种夸张的表情，不断地观察、总结、提炼，再将其画出来并融合到动画角色中，如图 2 - 1 - 32 所示。

图 2 - 1 - 32　欧文·斯彭斯模拟表情

几乎每部动画片在创作之初都需要绘制表情设计图，以便在制作过程中更好地把握角色。《丛林密语》《光》《三娘教子》等动画作品中的角色的表情设计如图2-1-33至图2-1-36所示。

图2-1-33 《丛林密语》角色表情设计图

图2-1-34 《光》角色表情设计图

图2-1-35 《光》角色表情设计图

图2-1-36 《三娘教子》角色表情设计图

在日常学习生活中，要多观察、多总结不同表情的特点，分析、总结出这些代表性表情的特点和变化规律，有助于制作出更好的表情动画。

任务 2.2 制作角色走路动画

任务描述

本任务要求同学们使用 Animate 制作一个侧面的人物走路的动画，在制作过程中掌握人物运动规律，注意把握人物走路时身高曲线的变化、脚型的变化、手臂的跟随等。最终效果如图 2 - 2 - 1 所示。

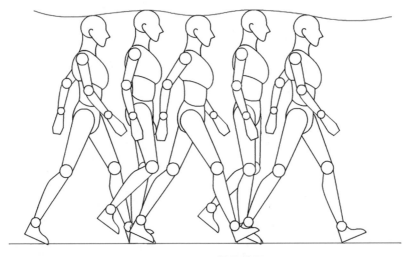

图 2 - 2 - 1　最终效果

任务分析

走路是人物动画最基础也是比较难表现的动作。人在走路时以腰部为活动基点，身体高度呈微小的起伏，手臂与腿脚的变换是左右对应的，即左侧手臂在前时，左侧腿脚在后。

理论知识点

人走路时的动作规律。

技能知识点

元件的使用；补间动画的制作。

任务步骤

1. 绘制角色

步骤 1　绘制出角色的侧面简化结构，以基本活动关节为准将肢体各部分制作成元件，如图 2 - 2 - 2 所示；按部位命名各个元件并复制到相应图层中，然后按部位对各图层命名，如图 2 - 2 - 3 所示。

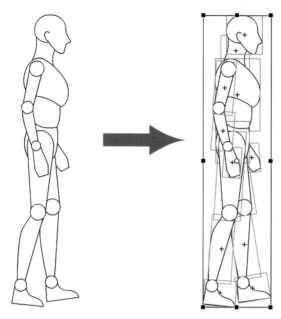

图 2 - 2 - 2　绘制角色

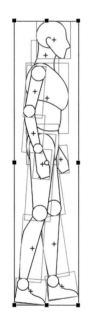

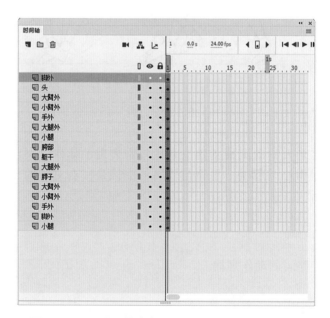

图 2 - 2 - 3　分层并命名

💡 提示

　　选择绘制的部位，按【F8】键将其制作成元件，设置【名称】为"头"、【类型】为"图形"，如图 2 - 2 - 4 所示。创建好的元件可以在【库】中找到，【库】可以使用【Ctrl+L】快捷键调出，如图 2 - 2 - 5 所示。

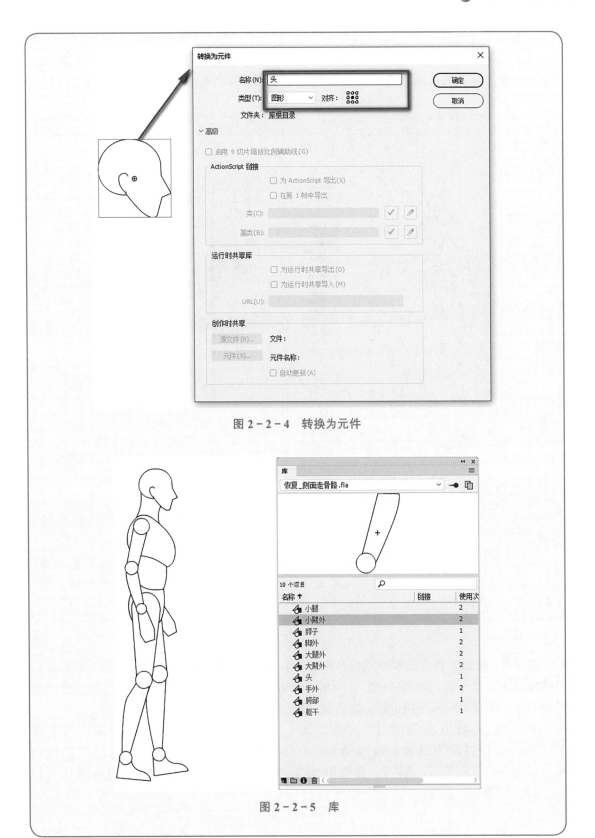

图 2-2-4 转换为元件

图 2-2-5 库

2. 制作走路动画

步骤 2 将人物调整为走路的姿势，调出【标尺】，分别拖动出人物身高的参考线、身体中心线、脚步长度的参考线以及手臂摆动幅度的参考线，如图 2-2-6 所示。

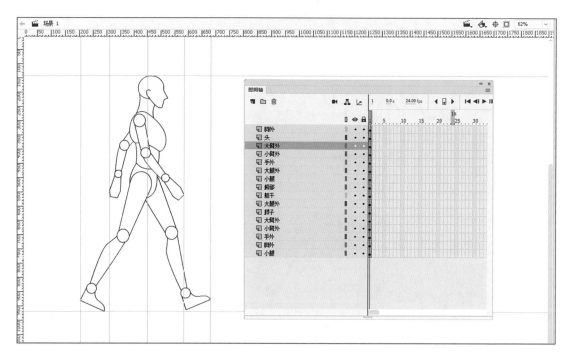

图 2-2-6 走路姿势

> 💡 **提示**
>
> 走路是一个重复性动作，只要制作出一组完整的走路动作，就可以通过重复播放的方式呈现走路动画。要使走路动画中的每一步衔接流畅，必须确保首尾帧完全一致。

步骤 3 按照人物走路动作的循环规律，在第 21 帧处创建关键帧，使第 1 帧和最后一帧的动作完全一致，如图 2-2-7 所示；在第 11 帧处创建关键帧，调整人物动作，使身体不动、左右手前后互换位置、左右腿和脚前后互换位置，如图 2-2-8 所示。

步骤 4 人物迈步向前时，左脚着地，左腿伸直，右腿随身体向前，脚尖朝下，此时人物高度为最高，故在第 6 帧处创建关键帧，调整人物身高以及手脚动作，如图 2-2-9 所示；同理，在第 16 帧处创建关键帧，调整相应的过渡动作，如图 2-2-10 所示。

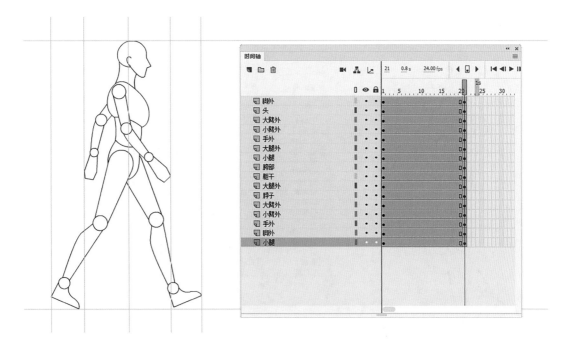

图 2 - 2 - 7 创建关键帧

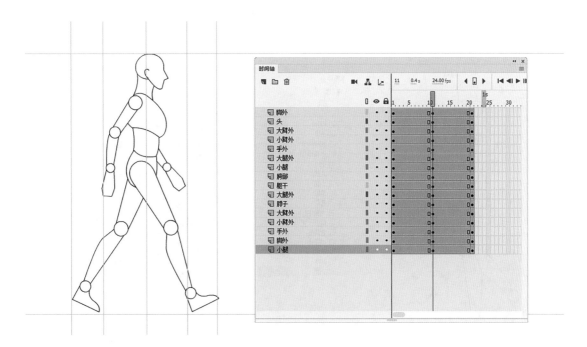

图 2 - 2 - 8 调整动作

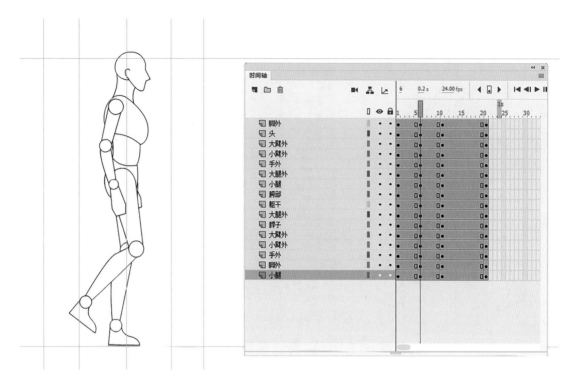

图 2 - 2 - 9　迈步过渡 1

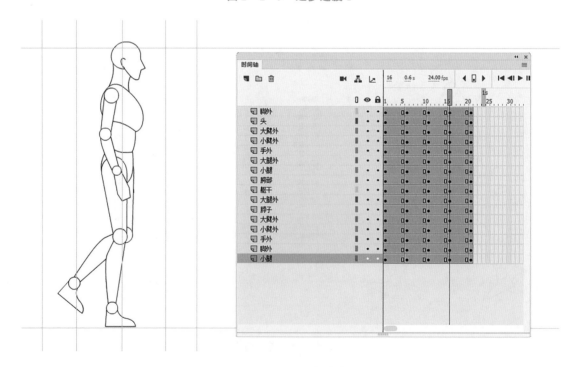

图 2 - 2 - 10　迈步过渡 2

步骤5　选择所有图层关键帧之间的帧，执行【鼠标右键】-【创建传统补间】命令，如图2-2-11、图2-2-12所示。

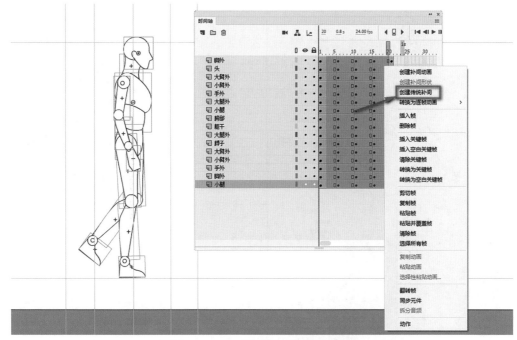

图2-2-11　选择关键帧之间的帧

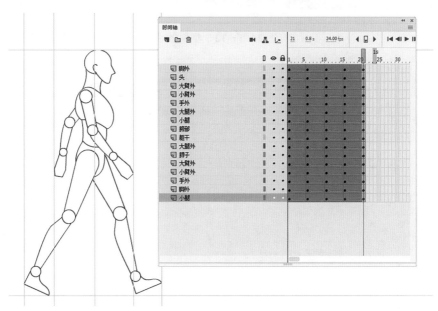

图2-2-12　创建传统补间

步骤6　选择所有帧，执行【鼠标右键】-【复制帧】命令，如图2-2-13所示；按【Ctrl+F8】快捷键，打开【创建新元件】对话框，设置【名称】为"走路"、【类型】为"图形"，如图2-2-14所示；在图层1第1帧处执行【鼠标右键】-【粘贴帧】命令，如图2-2-15、图2-2-16所示。

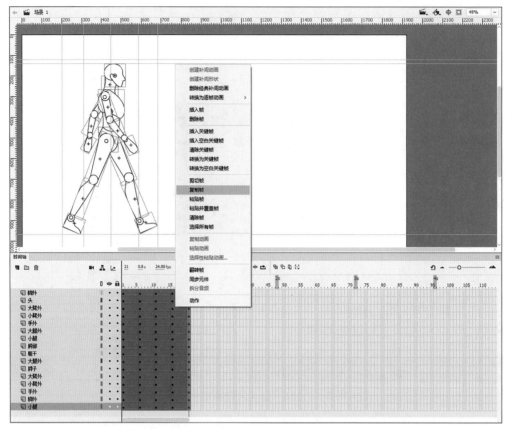

图 2 - 2 - 13　复制帧

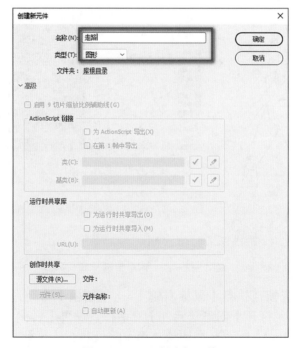

图 2 - 2 - 14　创建新元件

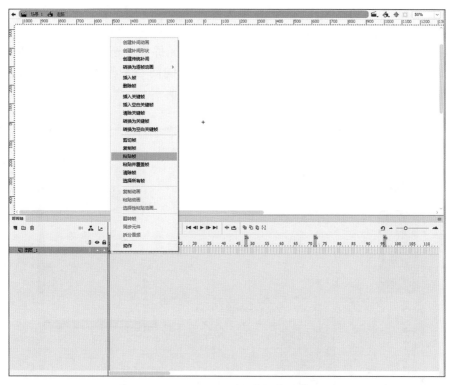

图 2 - 2 - 15 选择【粘贴帧】

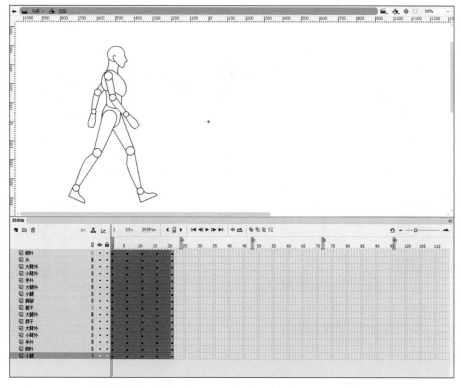

图 2 - 2 - 16 粘贴帧

步骤 7　走路循环动画元件做好后，即可根据实际需求随意设计走路的动画，如让角色向前走几步，再在原地循环走。调出【库】，如图 2-2-17 所示；新建图层 2 并命名为"走路"，删除其余图层，将【库】中的"走路"元件拖曳至【场景】，如图 2-2-18 所示；在第 12 帧处创建关键帧，将人物位置调整为向前一步，如图 2-2-19 所示；在第 1 帧与第 12 帧之间创建传统补间，如图 2-2-20 所示。

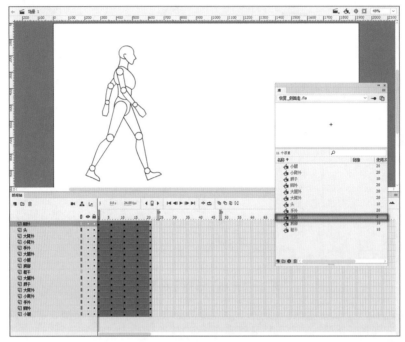

图 2-2-17　调出【库】

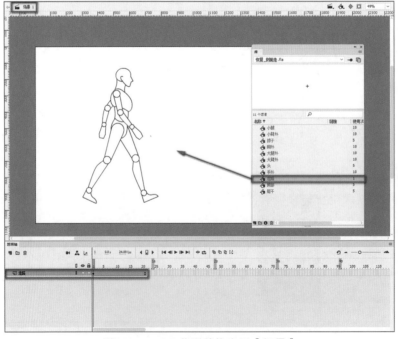

图 2-2-18　将元件拖曳至【场景】

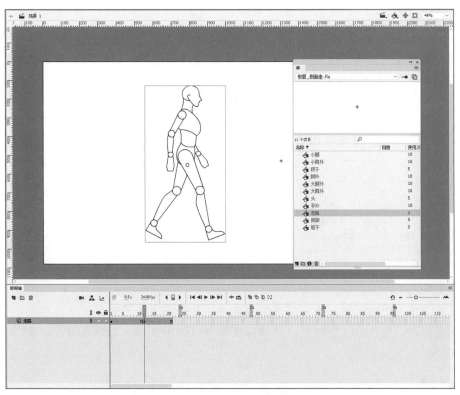

图 2-2-19 创建关键帧

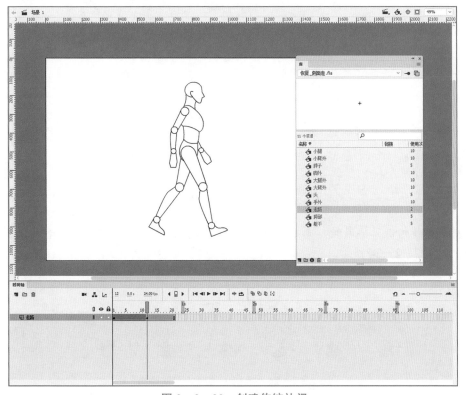

图 2-2-20 创建传统补间

🔊 **知识拓展**

　　每个人都是这个世界上独一无二的，每个人的相貌不同、性格不同，走路姿势也各不相同。我们在设计角色动作时，应在掌握角色基本运动规律的基础上，根据角色性格、情绪、身体特点来设计。无论是强壮的男人，还是妩媚的女人，亦或拟人的、活泼的动物角色，都可以走出富有独特生命力的步伐。

　　动画角色的日常走路姿态可以设计得柔和且富有弹性，如图 2-2-21 所示。

图 2-2-21　日常走路姿态

　　角色心情愉悦的时候，走起路来胸脯挺起，昂着头，脖子也会较平时抻长一些，四肢伸展度稍大，角色的心情越好，动作幅度越大，如图 2-2-22、图 2-2-23 所示。

图 2-2-22　心情愉悦时的走路姿态 1

图 2-2-23　心情愉悦时的走路姿态 2

　　当角色情绪低落的时候，走起路来会弯腰、垂头，手臂动作幅度小或者不动，脚步拖沓，如图 2-2-24 所示。

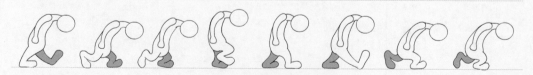

图 2-2-24　情绪低落时的走路姿态

　　设计角色走路动画时，有时会涉及特殊的走路方式，如蹑手蹑脚地走路。可以配合动作适当地夸张角色的形体，如拉长脖子、手臂、腿、脚和躯干，抬腿时可以比正常走路时抬得更高，俯身时甚至可以夸张到贴着地面，这样可以增强肢体语言的表现力，如图 2 - 2 - 25 所示。

图 2 - 2 - 25　蹑手蹑脚地走路

An 任务 2.3　制作角色跑步动画

006 跑步动画

任务描述

　　本任务要求同学们使用 Animate 制作一个侧面的人物跑步的动画，在制作过程中掌握人物运动规律，注意把握人物跑步时身高曲线的变化、脚型的变化、手臂的跟随等。最终效果如图 2 - 3 - 1 所示。

图 2 - 3 - 1　最终效果

任务分析

　　人跑步时的运动规律与走路基本相同，除了要保持身体重心稳定，还要注意在跑步的过程中，身体起伏的幅度要大于走路，手臂、腿脚的摆动幅度也大于走路。

理论知识点

　　人跑步时的动作规律。

技能知识点

　　元件的使用；补间动画的制作。

任务步骤

1. 绘制角色

步骤 1　将绘制好的角色侧面分别按元件部位复制到各个图层中，调整人物跑步的初始姿势，设置辅助线，标记步幅、手臂摆动的幅度、身体的高度等信息，并按部位命名各图层，然后在第 19 帧处创建关键帧，如图 2 - 3 - 2 所示。

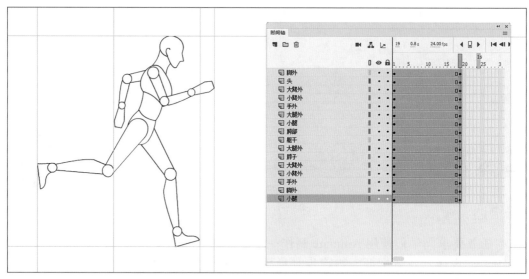

图 2 - 3 - 2　分配图层并创建关键帧

2. 制作跑步动画

步骤 2　在第 10 帧处创建关键帧，调整人物身体动态为上身基本不动，左右手前后互换位置，左右腿、脚前后互换位置，如图 2 - 3 - 3 所示。

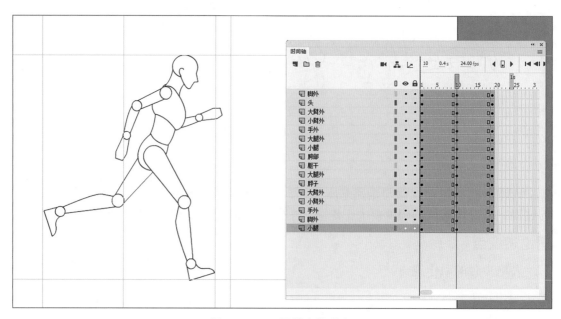

图 2 - 3 - 3　调整身体动态

步骤 3 在第 4 帧处创建关键帧，调低人物重心，左侧膝盖下沉，右腿抬起预备向前，如图 2 - 3 - 4 所示。

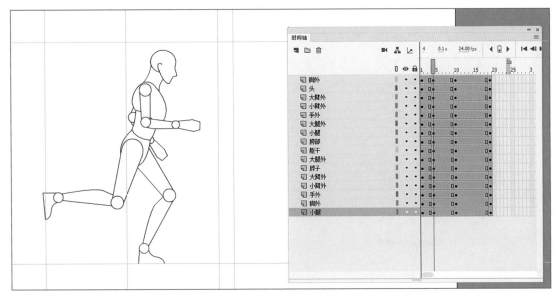

图 2 - 3 - 4 调低重心

步骤 4 在第 7 帧处创建关键帧，调整身体动态为左脚蹬地，身体腾空，此时整个人达到最高点，右腿向前抬起，同侧手臂向后，左侧腿和手臂的动作与右侧相反，如图 2 - 3 - 5 所示。

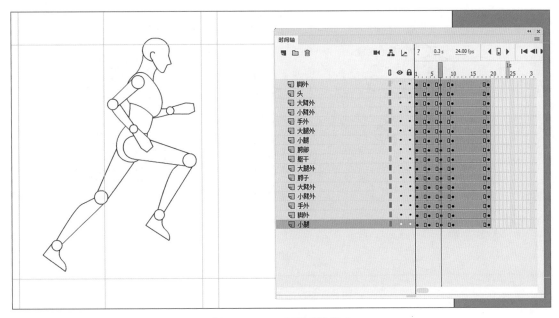

图 2 - 3 - 5 左脚蹬地腾空

步骤 5 在第 13 帧处创建关键帧，调低人物重心，右侧膝盖下沉，左腿抬起预备向前，如图 2-3-6 所示。

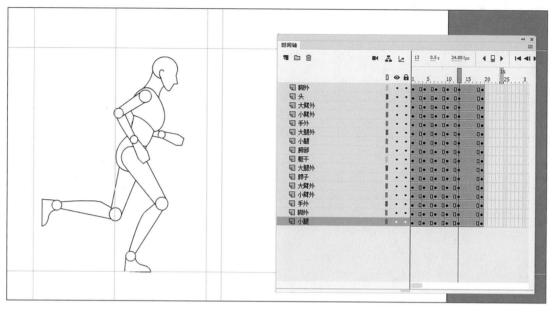

图 2-3-6　调低重心

步骤 6　在第 16 帧处创建关键帧，调整身体动态为右脚蹬地，身体腾空，此时整个人达到最高点，左腿向前抬起，同侧手臂向后，右侧腿和手臂的动作与左侧相反，如图 2-3-7 所示。

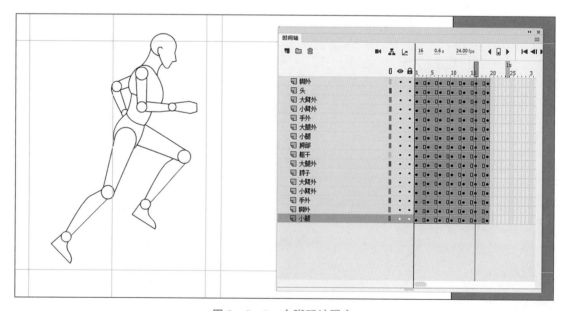

图 2-3-7　右脚蹬地腾空

步骤 7　选择所有图层中各关键帧之间的帧，执行【鼠标右键】-【创建传统补间】命令，如图 2-3-8 所示。

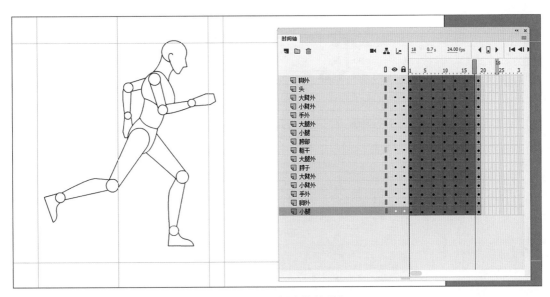

图 2 - 3 - 8 创建传统补间

步骤 8 选择所有帧，执行【鼠标右键】-【复制帧】命令，如图 2 - 3 - 9 所示；按【Ctrl+F8】快捷键，打开【创建新元件】对话框，设置【名称】为"跑步"、【类型】为"图形"，如图 2 - 3 - 10 所示；在图层 1 第 1 帧处执行【鼠标右键】-【粘贴帧】命令，如图 2 - 3 - 11、图 2 - 3 - 12 所示。

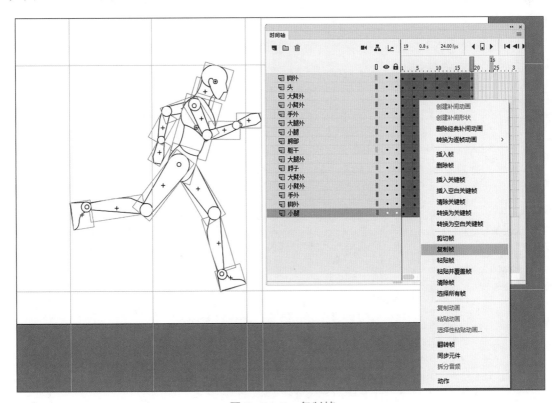

图 2 - 3 - 9 复制帧

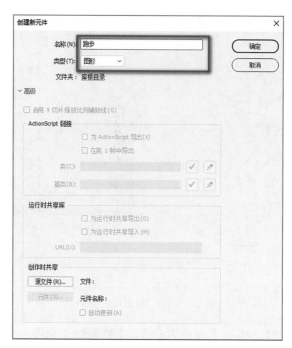

图 2 - 3 - 10　创建新元件

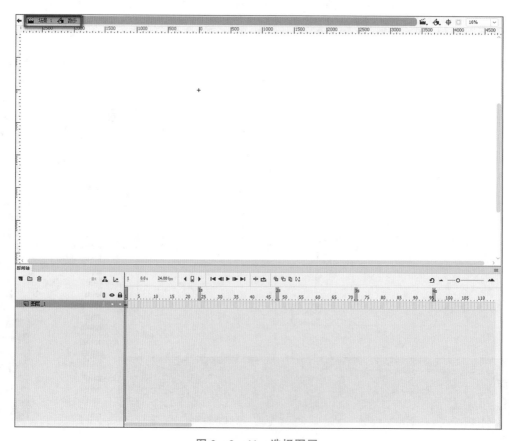

图 2 - 3 - 11　选择图层

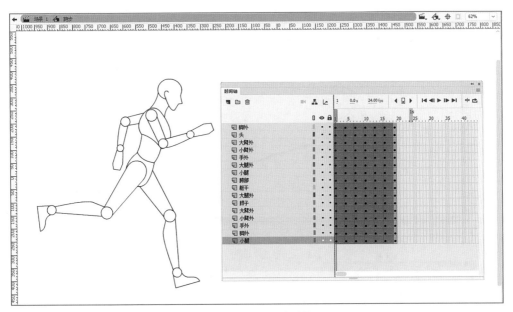

图 2 - 3 - 12　粘贴帧

步骤9　调出【库】，如图2-3-13所示；新建图层17，删除其余图层，将【库】中的"跑步"元件拖曳至【场景】，如图2-3-14所示；在第18帧处创建关键帧，将人物位置调整为向前一步，如图2-3-15所示；在第1帧与第17帧之间创建传统补间，如图2-3-16所示。

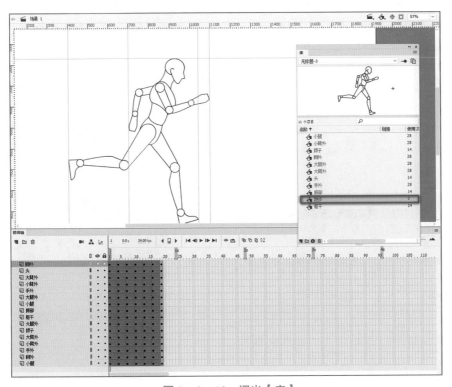

图 2 - 3 - 13　调出【库】

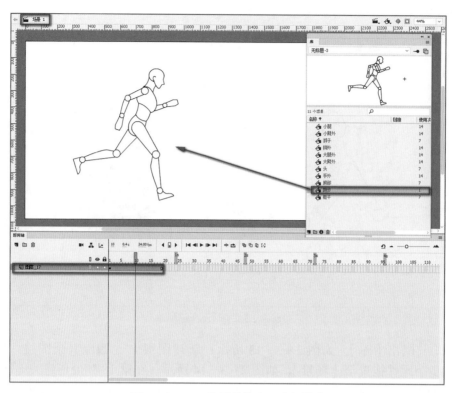

图 2 - 3 - 14　将元件拖曳至【场景】

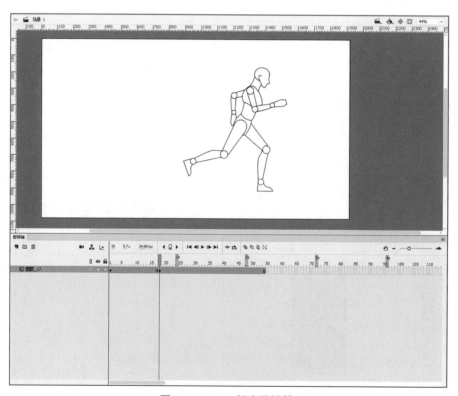

图 2 - 3 - 15　创建关键帧

图 2 - 3 - 16　创建传统补间

🔊 知识拓展

　　制作角色跑步动画的时候，为了看上去更具速度感，可以加大角色的身体前倾幅度，同时拉长肢体，增大步距，如图 2 - 3 - 17 所示。如果想更夸张一些，还可将角色的手臂放在身后，给人一种角色高速奔跑，甚至要起飞的感觉，如图 2 - 3 - 18 所示。

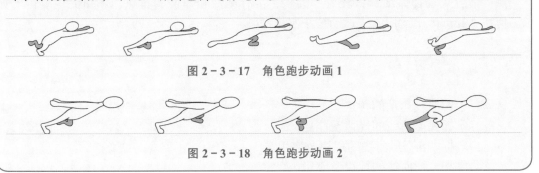

图 2 - 3 - 17　角色跑步动画 1

图 2 - 3 - 18　角色跑步动画 2

技能检测

　　1. 使用 Animate 软件制作角色的喜、怒、哀、乐表情动画。

　　2. 使用 Animate 软件制作角色走路动画。

　　3. 使用 Animate 软件制作角色跑步动画。

单元3
曲线运动

单元导读

曲线运动与直线运动不同，它柔和而不僵硬、圆滑而没有棱角，给人一种优美和谐之感。曲线运动适合表现人、动物、气体、液体温柔、灵动、缥缈、柔美的特点；适合表现物体细长、轻盈、柔软、富有韧性和弹性的特点。本单元主要讲解如何在 Animate 中运用曲线运动技法制作动画。

学习目标

1. 了解曲线运动的特点。
2. 掌握弧形曲线的规律及应用。
3. 掌握"S"形曲线的规律及应用。
4. 掌握波形曲线的规律及应用。

思政目标

通过学习曲线运动技法，使学生养成善于思考和注重分析的学习习惯，提升艺术素养，培养学生在生活中发现美、捕捉美的能力。

An 任务 3.1 弧形运动的应用

007 弧形运动

任务描述

弧形运动是最为常见的曲线运动形式之一，如射出去的箭、弹跳的球、被风吹动的草、芦苇和树枝的摇曳、左右摆动的钟摆，以及人物走路时手臂的摆动和脚的运动轨迹等，都属于弧形运动。本任务要求同学们使用 Animate 制作一个钟摆动画，在制作的过程中注意对弧形变化进行分析，进而掌握弧形运动规律。最终效果如图 3-1-1 所示。

图 3-1-1 钟摆弧形运动

任务分析

猫头鹰时钟的钟摆的运动是最为常见的一种弧形运动：以一点为圆心，左右摆动划弧线。可见，定好圆心是任务的关键，另外还要确保钟摆摆动的弧度适中。如果在纸上绘制动画则需要注意每一帧的钟摆的长度要一致；在 Animate 软件中，将钟摆编辑成元件可确保每一帧的钟摆的长度一致。

理论知识点

弧形运动的特点。

技能知识点

动画循环。

任务步骤

1. 制作动画

步骤 1 打开 Animate 软件，执行【文件】-【新建】命令，创建尺寸适当的文档，将绘制好的猫头鹰分为两个图层"身体"和"尾巴"，尾巴要设置成元件，将尾巴的中心点调整到它运动的轴心点，调整原画 1 的起始动作，在第 9 帧、第 18 帧处创建关键帧，如图 3-1-2 所示；调整原画 9 的终止动作，如图 3-1-3 所示。

图 3-1-2　原画 1

图 3-1-3　原画 9

步骤 2　根据轨目中呈现的匀速动作状态，可以在第 1 帧和第 18 帧中间执行【鼠标右键】-【创建传统补间】命令来创建传统补间，如图 3 - 1 - 4 所示。

图 3 - 1 - 4 创建传统补间

2. 制作动画循环

步骤 3 复制所有关键帧，粘贴到"新建元件"中，如图 3 - 1 - 5 所示。

图 3 - 1 - 5 创建元件

◁)) 知识拓展

动画中，有些角色运动是非常明显的弧形运动，如图3-1-6、图3-1-7所示的《丛林密语》中的小猴子玩耍时的动画。

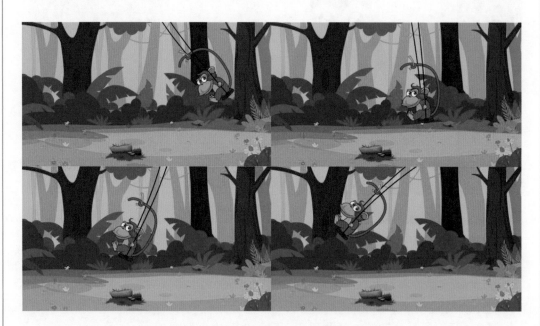

图3-1-6 《丛林密语》中的猴子荡秋千

图3-1-7 《丛林密语》中的猴子弹树枝

在动画设计制作中，角色的动作与弧形运动息息相关，如人在走路的时候身体的起伏变化轨迹会形成一条弧线，手臂和脚的运动轨迹也呈弧线，如图3-1-8所示。

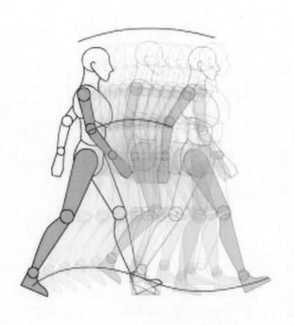

图3-1-8 人走路时的弧形轨迹

An 任务3.2 "S"形曲线运动的应用

任务描述

在动画制作中，柔软而又具有韧性的物体在运动中常常呈现明显的"S"形曲线运动特征，如小狗尾巴的摆动，水中鱼儿的游动等。本任务要求同学们使用 Animate 制作一张纸飘落的动画，在制作过程中注意对"S"形曲线变化进行分析，掌握"S"形曲线运动规律。最终效果如图3-2-1所示。

008 "S"形
曲线运动

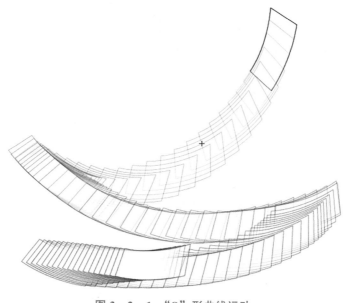

图 3 - 2 - 1 "S" 形曲线运动

任务分析

纸张飘落是最典型的"S"形曲线运动之一。纸张质地较轻，在落地之前会在空中来回飘荡几次。制作动画时，需要设计好纸张的飘落路径（引导线），确保动画自然、合理。

理论知识点

"S"形曲线运动的特点。

技能知识点

引导线动画。

任务步骤

1. 设计并绘制纸张飘落路径

步骤 1　打开 Animate 软件，执行【文件】-【新建】命令，创建尺寸适当的文档，设计并绘制纸张飘落的路径，如图 3 - 2 - 2 所示；在图层上执行【鼠标右键】-【引导层】命令，创建引导层，如图 3 - 2 - 3、图 3 - 2 - 4 所示。

2. 制作纸张飘落动画

步骤 2　新建图层并命名为"纸"，将其拖曳至【引导线】图层下，绘制一张纸并转化为元件，放置在路径起始处，如图 3 - 2 - 5 所示；在第 24 帧处创建关键帧，将"纸张"移至飘落路径的第 1 个结点处，如图 3 - 2 - 6 所示；在第 51 帧处创建关键帧，将"纸张"移至飘落路径的第 2 个结点处，如图 3 - 2 - 7 所示；在第 80 帧处创建关键帧，将"纸张"移至飘落路径的第 3 个结点处，如图 3 - 2 - 8 所示。

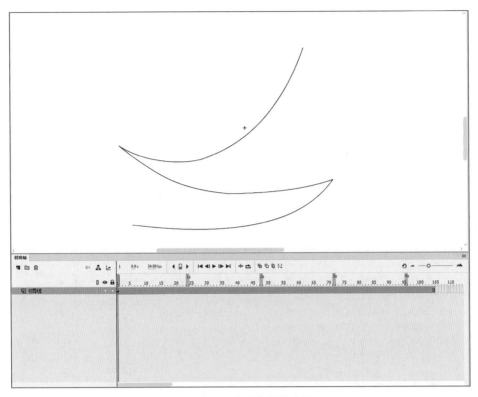

图 3 - 2 - 2　设计飘落路径

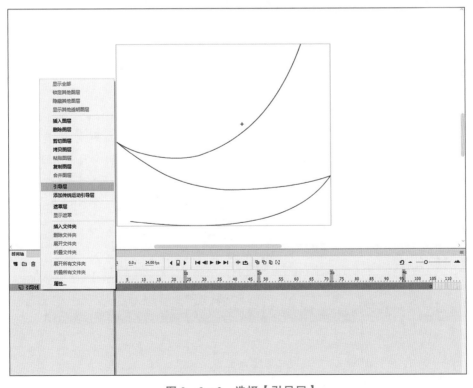

图 3 - 2 - 3　选择【引导层】

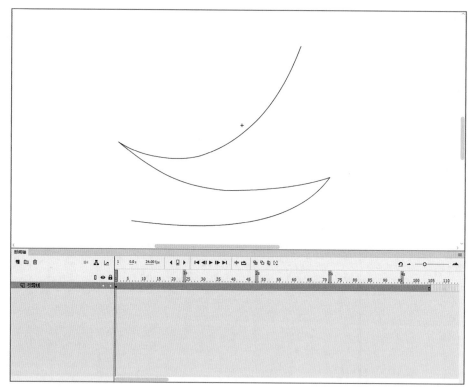

图 3-2-4　引导层

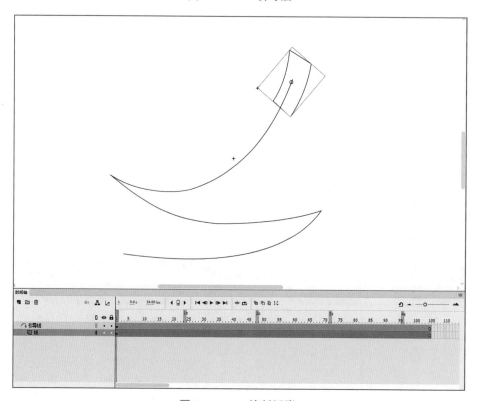

图 3-2-5　绘制纸张

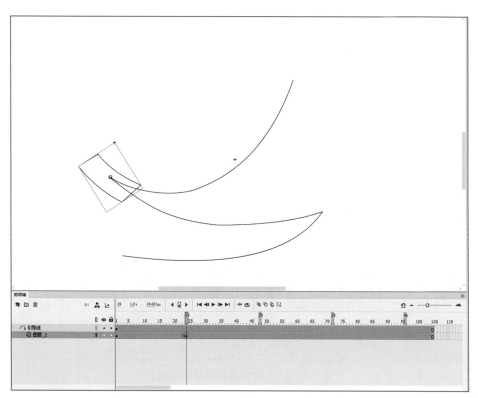

图 3 - 2 - 6　沿飘落路径移动纸张 1

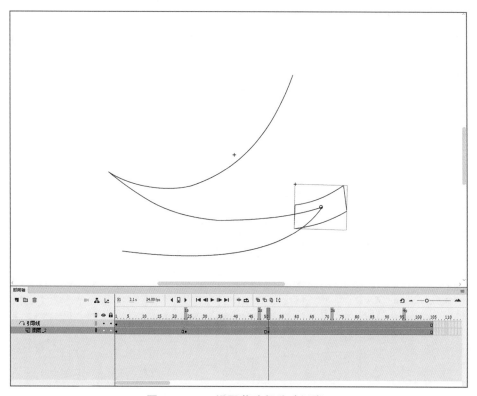

图 3 - 2 - 7　沿飘落路径移动纸张 2

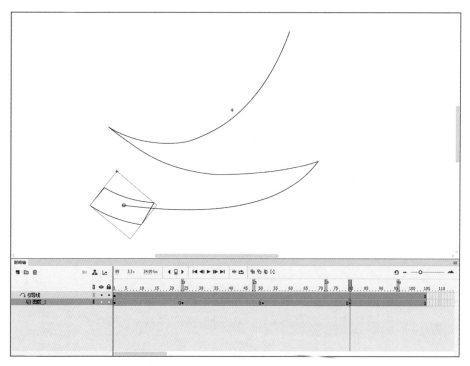

图 3 - 2 - 8　沿飘落路径移动纸张 3

步骤 3　在第 98 帧处创建关键帧，制作"纸张"飘落动画的缓冲动作，向右侧缓慢移动，如图 3 - 2 - 9 所示。

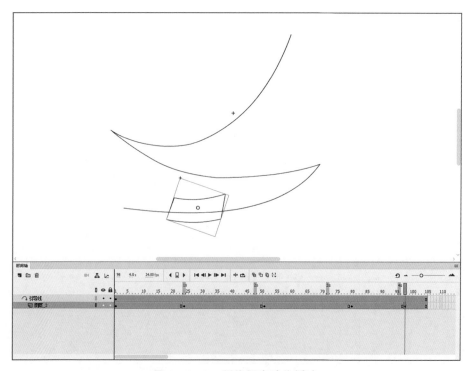

图 3 - 2 - 9　制作纸张动作缓冲

提示

制作引导线动画时，纸张的中心点要贴合引导线。

步骤 4 在第 1 帧至第 98 帧之间创建传统补间，如图 3 - 2 - 10、图 3 - 2 - 11 所示。

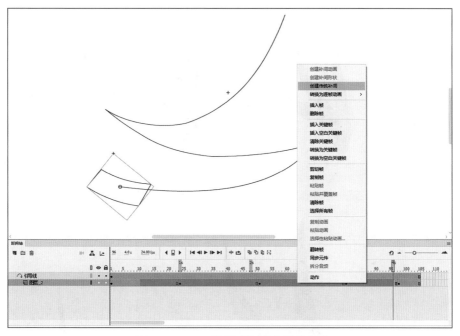

图 3 - 2 - 10 选择【创建传统补间】

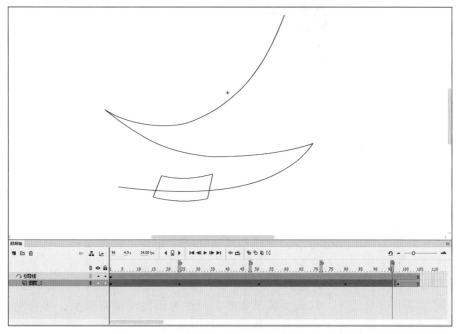

图 3 - 2 - 11 创建传统补间

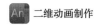

🔊 知识拓展

在动画制作中，"S"形曲线运动的应用范围很广，如图 3 - 2 - 12 所示的被风吹动的小草的运动轨迹便是典型的"S"形曲线运动。可以根据草的运动轨迹将其不同姿态制作成元件，如图 3 - 2 - 13 所示。

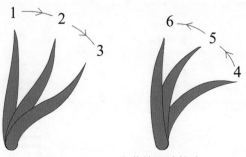

图 3 - 2 - 12　小草的运动轨迹

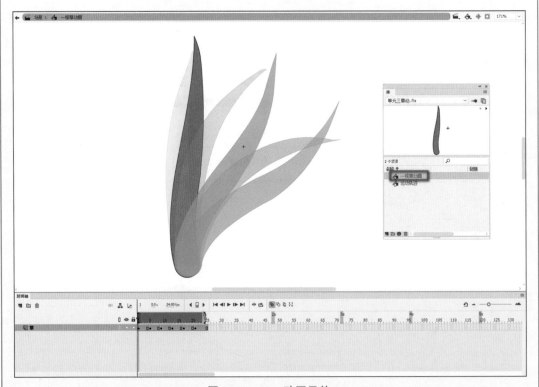

图 3 - 2 - 13　动画元件

如果想制作一片草地的动画，充分利用 Animate 软件中的"元件"特性，就可以达到事半功倍的效果。将制作好的元件复制一份，调整大小、方向和元件属性，设置初始播放帧为 6，这样可以避免草的运动千篇一律，如图 3 - 2 - 14 所示。

复制出多个小草元件，以画面效果自然、舒适为原则调整好位置，再将复制出的多个小草制作成新的元件，命名为"草丛"，如图 3 - 2 - 15 所示。

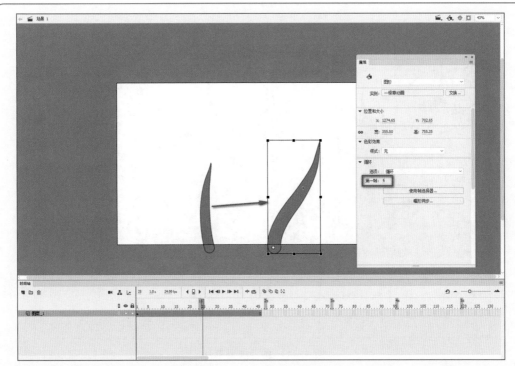

图 3 - 2 - 14　复制并调整元件

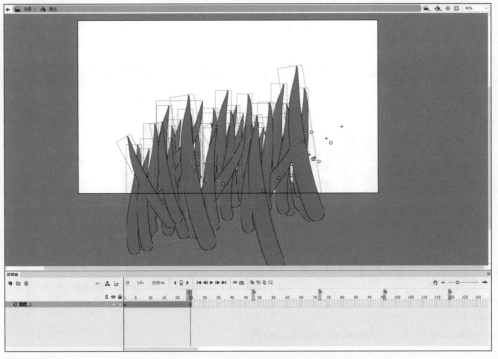

图 3 - 2 - 15　复制多个元件并调整

复制出多个草丛元件，调整好位置作为前景，如图 3 - 2 - 16 所示。

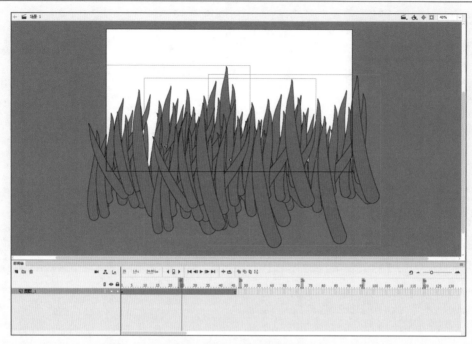

图 3 - 2 - 16　前景草丛

复制出多个草丛元件，调整好位置作为中景，同时注意调整元件的色彩效果，通过颜色深浅变化来表现草丛的远近层次，草丛由近及远，颜色由暖到冷，如图 3 - 2 - 17 所示。同理，制作出远景草丛，如图 3 - 2 - 18 所示。

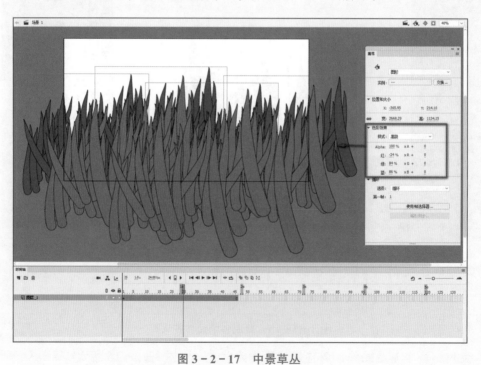

图 3 - 2 - 17　中景草丛

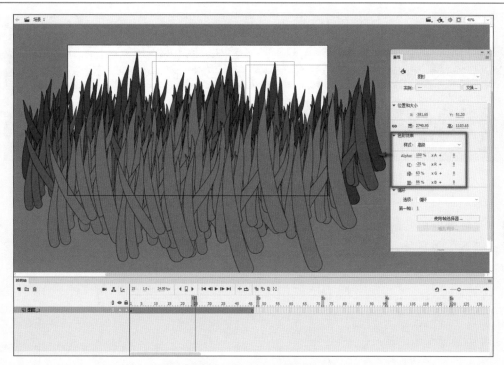

图 3 - 2 - 18 远景草丛

添加蓝天、白云背景，如图 3 - 2 - 19 所示。最终动画效果如图 3 - 2 - 20 所示。

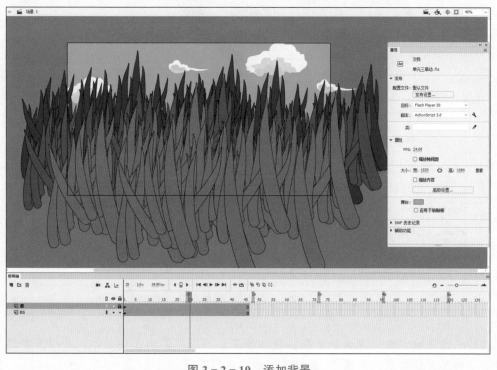

图 3 - 2 - 19 添加背景

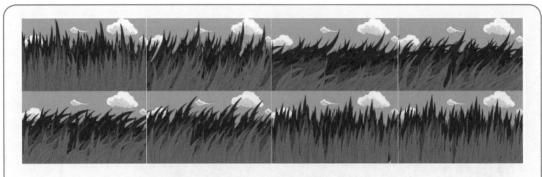

图 3 - 2 - 20 呈 "S" 形摇曳的草

　　缓缓升空的孔明灯的运动轨迹也是很有代表性的曲线运动：孔明灯下面的两条飘带呈 "S" 形飘动，如图 3 - 2 - 21 所示；孔明灯的升空路径为弧线，如图 3 - 2 - 22 所示。

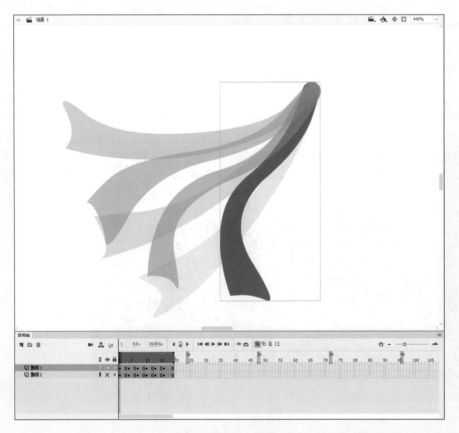

图 3 - 2 - 21 飘带

　　每一盏孔明灯都呈现光晕效果，数量较多，可以将其制作成元件，并根据孔明灯的远近调整光晕效果，如图 3 - 2 - 23 所示。最终效果如图 3 - 2 - 24 所示。

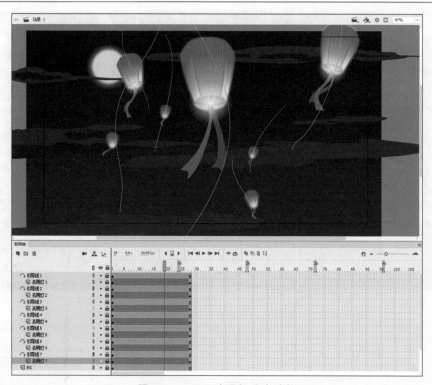

图 3 - 2 - 22   孔明灯升空路径

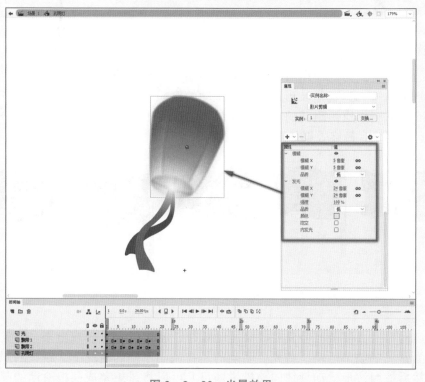

图 3 - 2 - 23   光晕效果

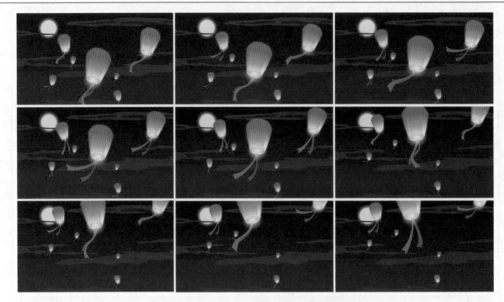

图 3 - 2 - 24　飘向高空的孔明灯

009 波形曲线
运动

任务 3.3　波形曲线运动的应用

任务描述

　　柔软的物体受到力的作用后，力量会从一端传至另一端，使受力物体产生像波浪一样的曲线运动轨迹，这就是波形运动，如飘动的旗帜、滚滚的麦浪等。本任务要求同学们使用 Animate 制作旗帜飘动的动画，在制作的过程中注意对波形变化进行分析，进而掌握波形运动规律。最终效果如图 3 - 3 - 1 所示。

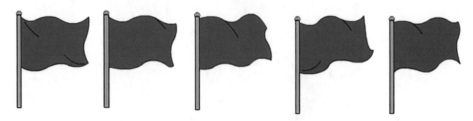

图 3 - 3 - 1　旗帜飘动

任务分析

　　波形运动看上去复杂，但只要找到运动规律，就比较容易表现出来。任务中旗帜的飘动是较为常见的波形运动，首先要明确的是在风向不变的情况下，旗帜的飘动方向是不变的；然后按照波形运动规律向前推进即可。可以将风想象成一根滚动的圆柱，按照圆柱滚动的方向绘制飘动的旗面，如图 3 - 3 - 2 所示。

图 3 - 3 - 2　旗帜飘动特点

理论知识点

波形曲线运动的特点。

技能知识点

动画循环。

任务步骤

1. 制作动画

步骤 1　打开 Animate 软件，执行【文件】-【新建】命令，创建尺寸适当的文档，新建 3 个图层，分别在各个图层绘制旗面、旗杆、参考的圆柱体，如图 3 - 3 - 3 所示。

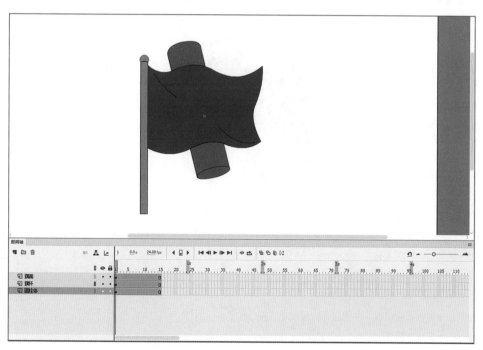

图 3 - 3 - 3　绘制旗面、旗杆、圆柱体

步骤 2　在第 4 帧处创建关键帧，按照风吹动的方向，将圆柱体向右移动，根据圆柱体的形状绘制旗面的起伏效果，如图 3 - 3 - 4 所示。

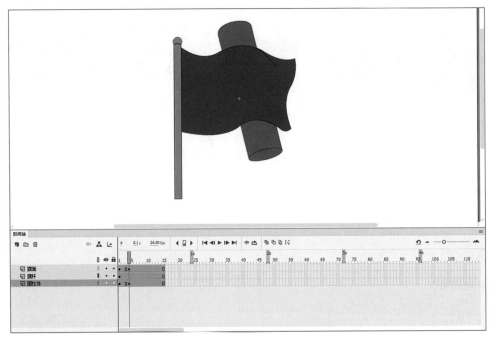

图 3 - 3 - 4 绘制旗面的起伏效果 1

步骤 3 在第 7 帧处创建关键帧，按照风吹动的方向，添加第 2 个圆柱体来模拟风持续吹动的效果，根据圆柱体的形状绘制旗面的起伏效果，如图 3 - 3 - 5 所示。

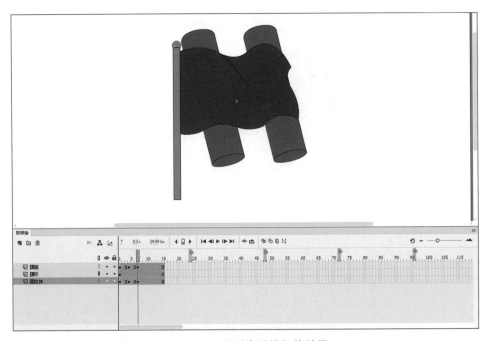

图 3 - 3 - 5 绘制旗面的起伏效果 2

步骤 4 在第 10 帧处创建关键帧，按照风吹动的方向将圆柱体向右移动，根据圆柱体的形状绘制旗面的起伏效果，如图 3 - 3 - 6 所示。

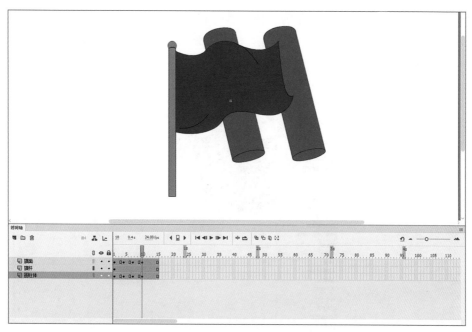

图 3 - 3 - 6 绘制旗面的起伏效果 3

步骤 5 在第 13 帧处创建关键帧，按照风吹动的方向将圆柱体向右移动，根据圆柱体的形状绘制旗面的起伏效果，如图 3 - 3 - 7 所示。

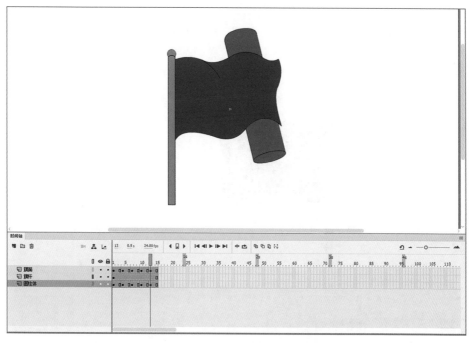

图 3 - 3 - 7 绘制旗面的起伏效果 4

2. 动画循环

步骤 6 要想得到旗帜持续飘动的效果，可以将上述旗帜飘动动画制作成元件。选择并复制所有帧，新建元件并命名为"旗子飘动画"，在"旗子飘动画"元件中粘贴帧，删除"圆柱体"图层，如图3-3-8、图3-3-9所示。

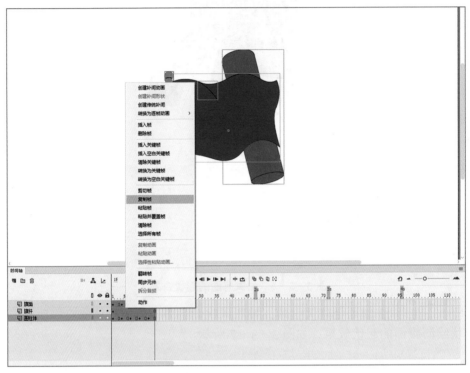

图3-3-8 复制帧

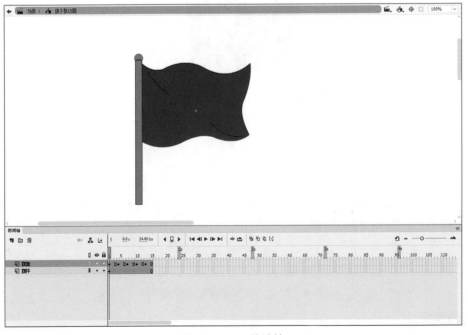

图3-3-9 粘贴帧

（(）知识拓展

通常，头发的飘动动画也可以通过波形运动原理来制作，如图 3-3-10 所示。

图 3-3-10 头发飘动动画

技能检测

1. 根据弧线运动规律，绘制篮球弹跳动画。

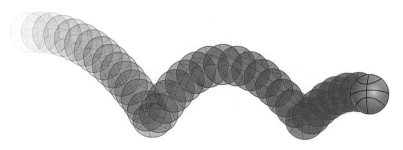

题 1 图

2. 根据 "S" 形曲线运动规律，绘制鱼游动的动画。

题 2 图

3.根据波形运动规律，绘制丝带飘舞的动画。

题 3 图

单元 4
自然现象

单元导读

　　生活中常见的自然现象有下雨、下雪、刮风等，动画片中也不例外，为了渲染气氛、给观众以身临其境的视觉体验，需要制作雨、雪、风等动画特效。本单元主要介绍运用 Animate 软件制作雨、雪、风、火、水、闪电动画的基本方法。

学习目标

　　1.熟悉雨、雪、风、火、水、闪电等动画的特点。
　　2.掌握雨、雪、风、火、水、闪电动画的基本制作方法。

思政目标

　　通过制作自然现象动画，引导学生观察自然、热爱自然，善于发现大自然中的美。

An **任务 4.1**　制作下雨动画

任务描述

　　本任务要求同学们使用 Animate 制作下雨的动画，在制作过程中注意分析雨滴的运动规律，根据运动规律设计雨滴下落的速度、方向，以及雨滴的形状和层次，使下雨动画真实而生动。最终效果如图 4-1-1 所示。

图 4-1-1　雨

任务分析

　　在制作下雨动画时，首先要注意的是风向，因为风的方向决定雨滴下落的方向；其次要注意的是雨滴下落的速度。在 Animate 软件中将雨滴编辑成元件，便可以方便地控制雨滴下落的方向和速度等属性。

理论知识点

　　雨滴下落时的运动规律。

技能知识点

　　引导线动画的应用。

任务步骤

　　1. 绘制雨滴

　　步骤 1　打开 Animate 软件，执行【文件】-【新建】命令，创建尺寸适当的文档，绘制近处雨滴的形状，如图 4-1-2 所示；选择绘制好的雨滴，按【Alt】键向旁边拖曳并复制数次，同时修改雨滴的大小、形状和位置，然后设置成元件并命名为"雨滴"，如图 4-1-3 所示。

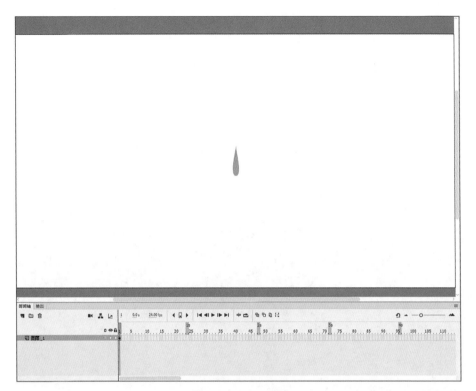

图 4 - 1 - 2　雨滴

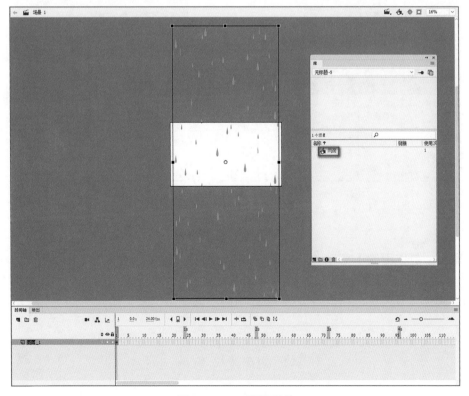

图 4 - 1 - 3　雨滴元件

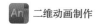二维动画制作

提示

注意雨滴不要过于密集，要错落有致，体现层次感。

2. 制作动画

步骤 2   确定风的方向，然后按照风向将"雨滴"元件旋转、倾斜，如图 4 - 1 - 4 所示。

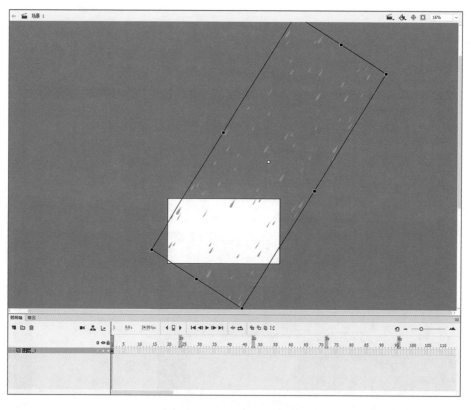

图 4 - 1 - 4   确定风向

步骤 3   制作雨滴下落动画。在第 16 帧处创建关键帧，如图 4 - 1 - 5 所示；将第 1 帧到第 16 帧的画面旋转，然后执行【鼠标右键】–【创建传统补间】命令，创建传统补间，如图 4 - 1 - 6 所示；调整第 16 帧中"雨滴"的下落位置，如图 4 - 1 - 7 所示。

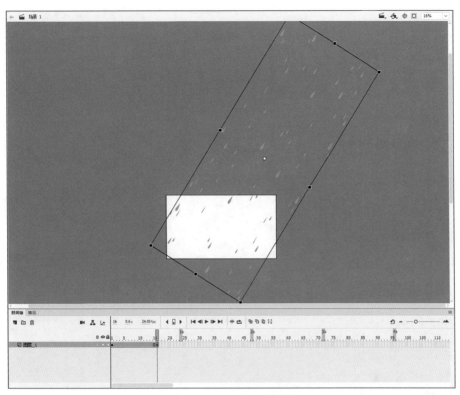

图 4 - 1 - 5　创建关键帧

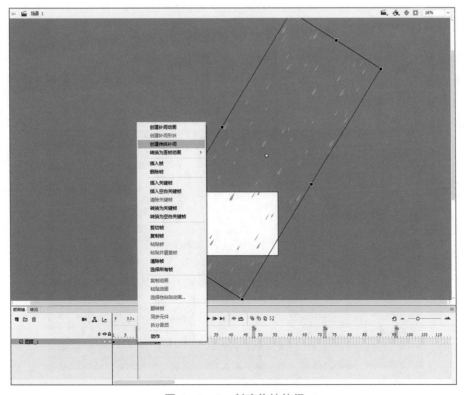

图 4 - 1 - 6　创建传统补间

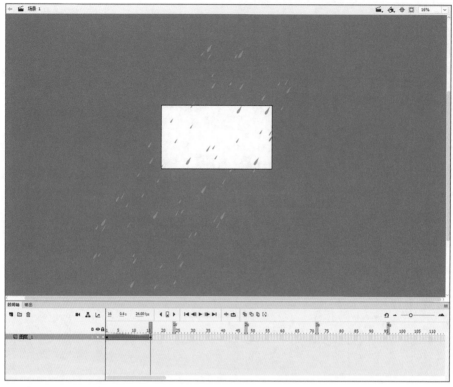

图 4 - 1 - 7　调整雨滴位置

💡 提示

　　制作中雨和大雨动画的方法与上述方法基本一致。需要注意的是，中雨的雨滴要绘制得长一点儿、密集一些，如图 4 - 1 - 8 所示；大雨的雨滴要绘制得短小且更加密集，如图 4 - 1 - 9 所示。

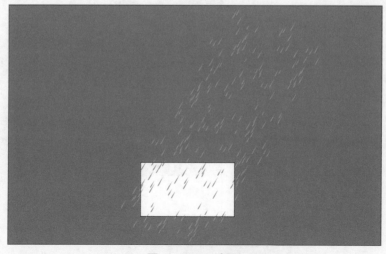

图 4 - 1 - 8　中雨

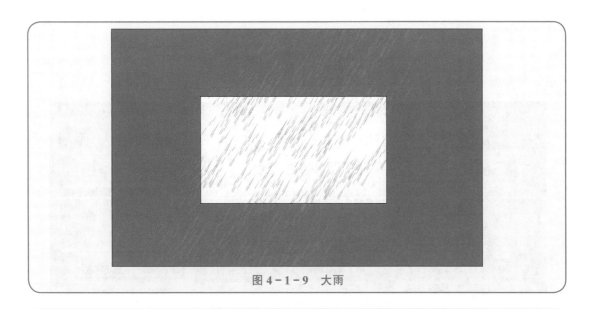

图 4 - 1 - 9　大雨

🔊 知识拓展

　　前层雨滴也可以用较粗的短直线表示，同时可以夹杂一些水点。前层雨滴的下落速度看上去更快，所以每帧动画的间距要大一些，也就是说，一条短直线（雨滴）或一个水点穿过画面只需 6 ～ 8 帧。中层雨滴用粗细适中且稍长的直线表示，线条可以相对密一些。中层雨滴的下落速度较前层雨滴慢，穿过画面需 8 ～ 10 帧。后层雨滴距离观察者视线较远，可以采用细而较密的直线组成片状表示。后层雨滴的下落速度最慢，一片雨线穿过画面需 12 ～ 16 帧，如图 4 - 1 - 10 所示。

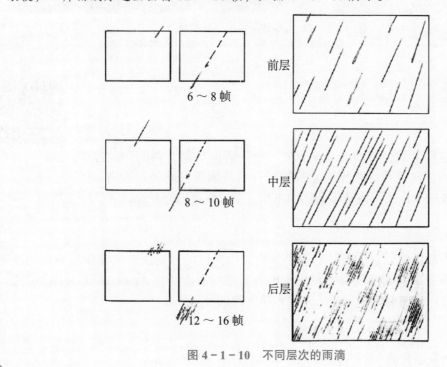

图 4 - 1 - 10　不同层次的雨滴

　　每一层雨滴动画均可做成元件循环使用，并且可以根据实际效果调整位置、大小、方向等，如图4-1-11、图4-1-12所示。自然现象千变万化，但只要掌握基本属性，例如雨的形态、雨的大小、风的方向等，就可以制作出自然的、有意境的动画。

图4-1-11 《车站》中的下雨效果1

图4-1-12 《车站》中的下雨效果2

An 任务 4.2　制作下雪动画

任务描述

　　本任务要求同学们使用Animate制作一个下雪的动画，在制作过程中注意分析雪花的运动规律，根据运动规律设计雪花飘落的路径、方向，以及雪花的大小和层次，使下雪动画真实而生动。雪花飘落的路径如图4-2-1所示。

011 下雪特效

任务分析

　　在制作下雪动画时，首先要注意的是风向，因为风的方向决定雪花飘落的方向；其次要注意的是雪花飘落的速度要明显慢于雨滴下落的速度。在Animate软件中将雪花编辑成元件，便可以方便地控制雪花的方向和飘落速度等属性。

理论知识点

　　雪花飘落的运动规律。

图 4 - 2 - 1 雪花飘落的路径

技能知识点

引导线动画的应用。

任务步骤

1. 绘制雪花

步骤 1 打开 Animate 软件，执行【文件】-【新建】命令，创建尺寸适当的文档。绘制雪花，将雪花颜色填充的方式设为【径向渐变】，边缘的透明度为 "0"，圆心的透明度为 "77%"，如图 4 - 2 - 2 所示。

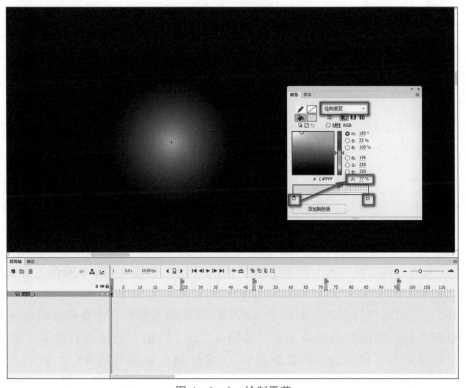

图 4 - 2 - 2 绘制雪花

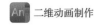

2. 制作动画

步骤2 因为雪花的质量较轻，所以会在空中以"S"形路径缓慢飘落。新建图层，命名为"飘落路线1"，绘制雪花飘落的路径（引导线），如图4-2-3所示。

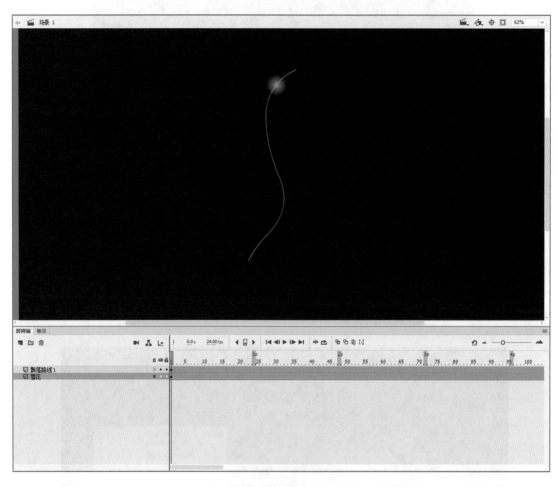

图4-2-3 雪花飘落路径

步骤3 在第73帧处创建关键帧，移动雪花至飘落的终点，执行【鼠标右键】-【创建传统补间】命令，创建传统补间，如图4-2-4所示。

步骤4 在"飘落路线1"图层上执行【鼠标右键】-【引导层】命令，如图4-2-5所示，将"雪花"图层拖曳至"飘落路线1"图层下方，如图4-2-6所示，实现雪花沿引导线飘落的动画。

步骤5 采用同样的方法，制作多条不同的雪花飘落路径，注意路径要有区别、雪花大小要有变化、飘落时间要有差异，如图4-2-7所示。选择所有图层中的所有帧并复制，新建元件，命名为"雪花飘前景"，将复制的帧粘贴到其中，如图4-2-8、图4-2-9所示。

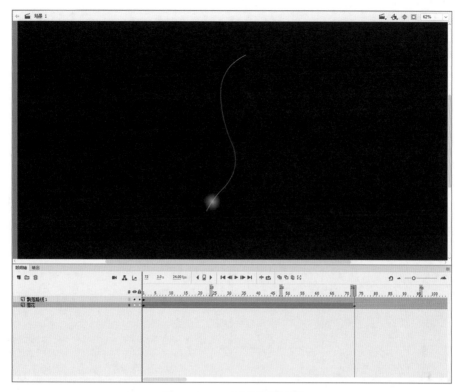

图 4 - 2 - 4　创建传统补间

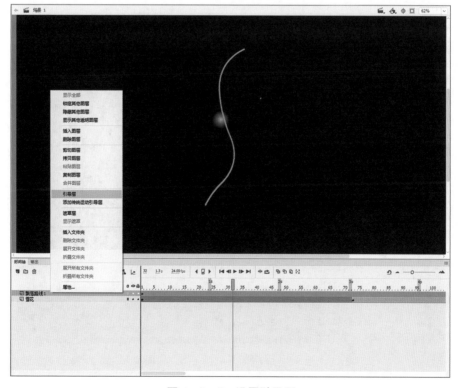

图 4 - 2 - 5　设置引导层

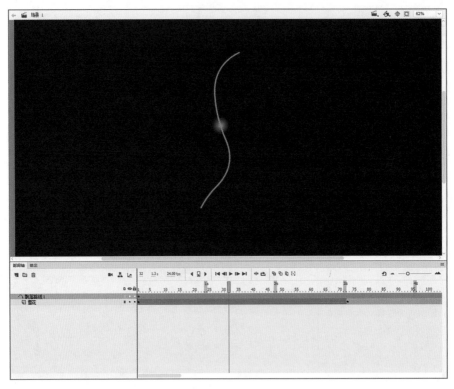

图 4 - 2 - 6 　引导线动画

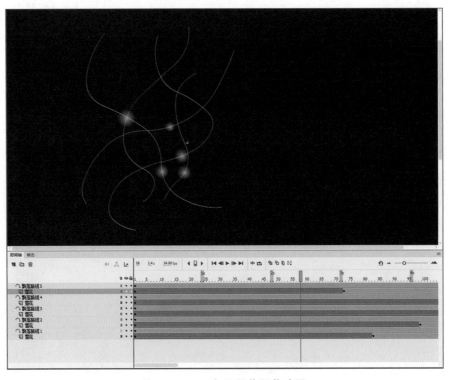

图 4 - 2 - 7 　多组雪花飘落动画

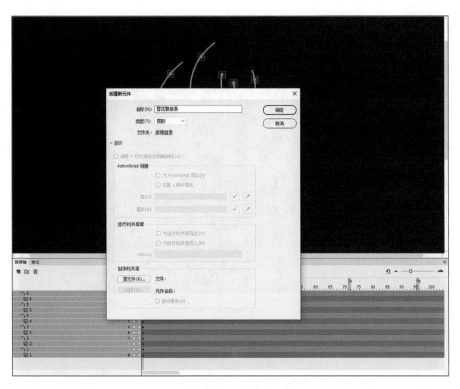

图 4 - 2 - 8　新建元件

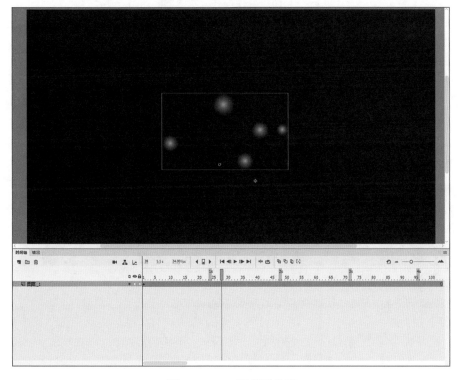

图 4 - 2 - 9　雪花飘前景

步骤6 采用同样的方法制作远处雪花飘落的动画，注意远处的雪花要小一些，速度要慢一些，如图4-2-10所示；制作好之后将其转换成元件，如图4-2-11所示。

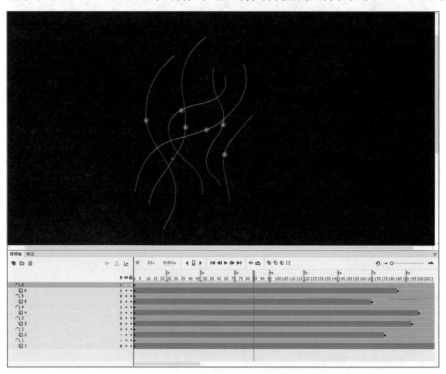

图4-2-10 制作远处雪花飘落的动画

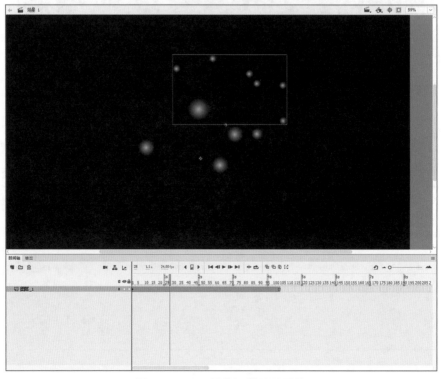

图4-2-11 雪花远景动画元件

步骤 7　将制作好的雪花动画元件复制多份，调整位置及大小，使近景、远景中的雪花错落有致、自然生动，如图 4 - 2 - 12 所示。

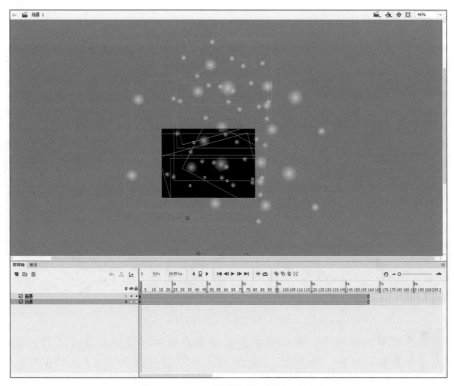

图 4 - 2 - 12　复制元件并调整位置

◁)) 知识拓展

雪和雨的表现方法有相同之处：都可以分为前、中、后三层，以体现离观察者的距离。二者也有不同之处：雪的质量较轻，体积较大，在飘落的过程中会受到气流的影响而随风飘舞，飘动方向也不规则，如图 4 - 2 - 13 所示。

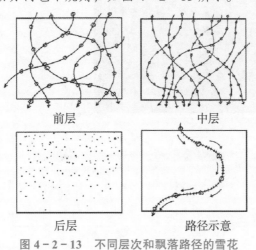

前层　　　　　　　中层

后层　　　　　　路径示意

图 4 - 2 - 13　不同层次和飘落路径的雪花

制作下雪动画时要注意雪花的远近层次变化。近处雪花较大，每帧之间的运动距离也要大一些，速度稍快；中景次之；远景又次之，如图4-2-14所示。注意：无论远近，雪花飘落速度都不宜过快。

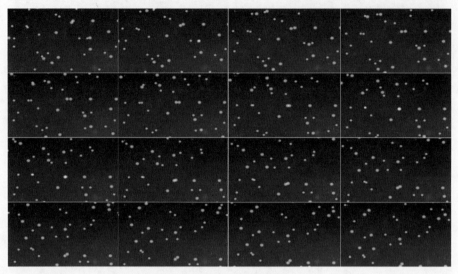

图4-2-14　下雪动画

如果要呈现雪花的细节，可以使雪花呈旋转飘落。将雪花转换为元件，设置补间属性，调节雪花旋转圈数，如图4-2-15所示。最终效果如图4-2-16所示。

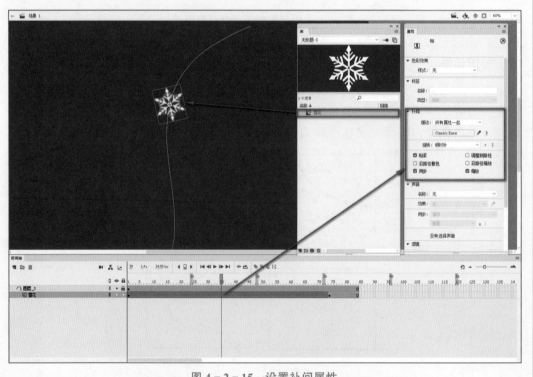

图4-2-15　设置补间属性

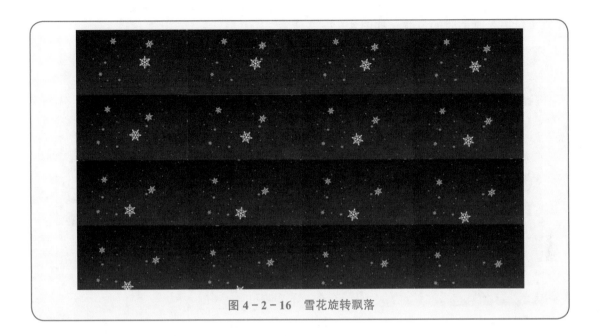

图 4-2-16 雪花旋转飘落

任务4.3 制作刮风动画

任务描述

空气的流动形成风，风看不见、摸不着。动画中，人们通过一些物体的形态变化、位置移动来反映风的存在，如飘扬的旗帜、飘动的头发、飞舞的落叶等。本任务要求同学们使用 Animate 制作刮风动画，注意通过流线表现风的速度和方向。最终效果如图 4-3-1 所示。

012 刮风特效

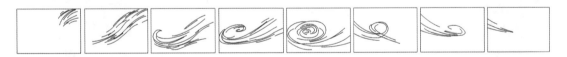

图 4-3-1 风

任务分析

以流线的形式表现风的运动路线、波及范围以及运动形态等。

理论知识点

刮风动画的特点。

技能知识点

关键帧的应用。

任务步骤

步骤 1 打开 Animate 软件，执行【文件】-【新建】命令，创建尺寸适当的文档，

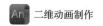

绘制大风进入画面时的流线，如图4-3-2所示。

图4-3-2　大风入画

步骤2　在第5帧处创建关键帧，绘制大风流动的方向，如图4-3-3所示。

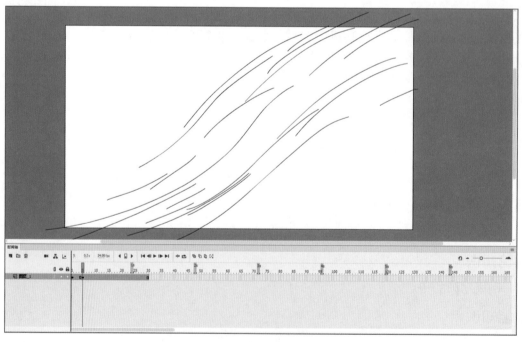

图4-3-3　流动方向

步骤3　在第9帧处创建关键帧，绘制表现大风向内卷起的流线，如图4-3-4所示。

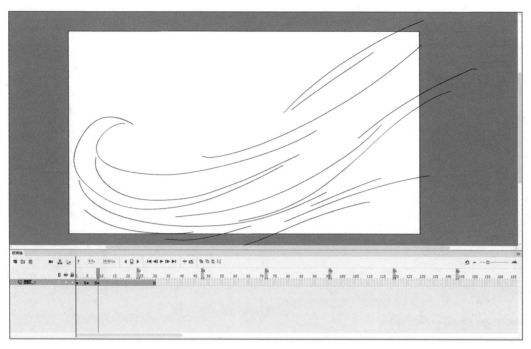

图 4 - 3 - 4　向内卷起

步骤 4　在第 9 帧处创建关键帧，绘制大风形成的漩涡，如图 4 - 3 - 5 所示。

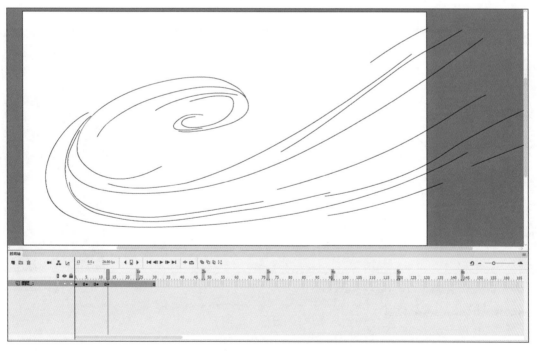

图 4 - 3 - 5　漩涡

步骤 5　在第 16 帧、第 19 帧、第 21 帧、第 24 帧处创建关键帧，绘制大风以漩涡形态移出画面的过程，最后在第 25 帧处创建空白关键帧，效果如图 4 - 3 - 6 至

137

图 4 - 3 - 9 所示。

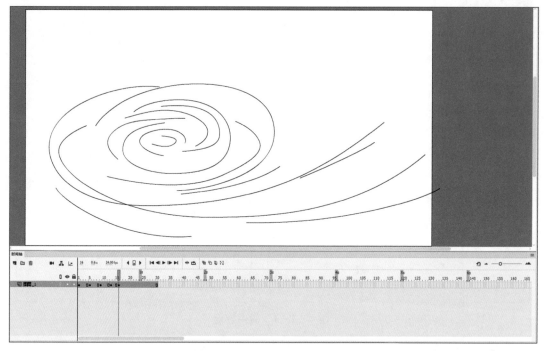

图 4 - 3 - 6 旋转

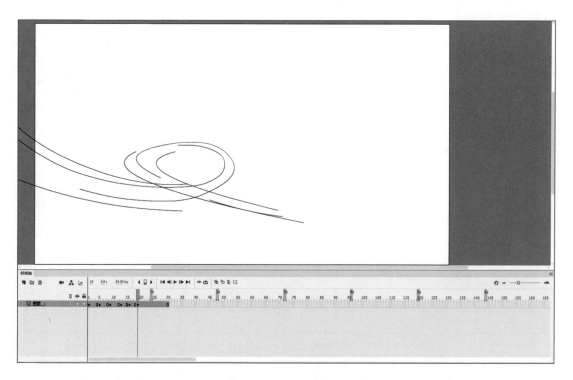

图 4 - 3 - 7 准备出镜

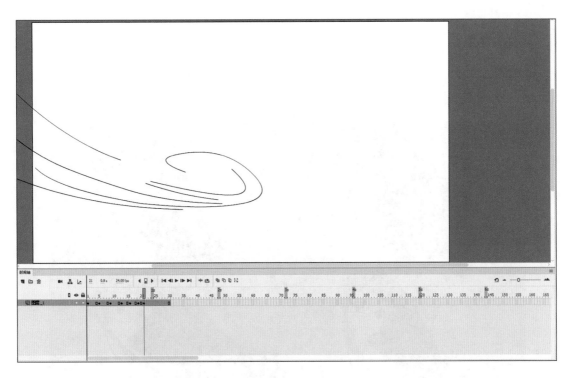

图 4 - 3 - 8 出镜

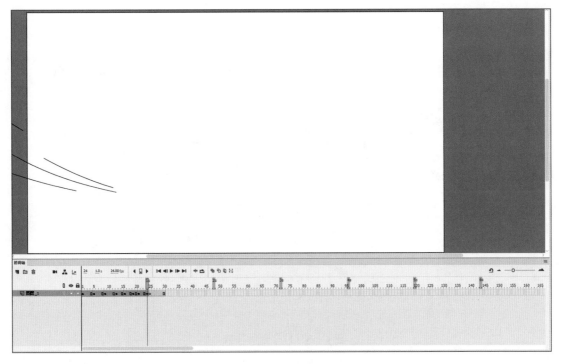

图 4 - 3 - 9 出镜完成

📢 **知识拓展**

　　制作动画时，可以通过飘动的头发、飞舞的落叶来体现风，而风力和风向又会影响头发或落叶的运动效果，如图4-3-10、图4-3-11所示。

图4-3-10　头发飘动

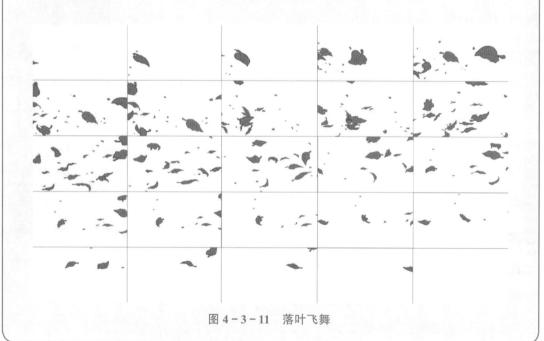

图4-3-11　落叶飞舞

任务 4.4　制作火焰动画

任务描述

本任务要求同学们使用 Animate 制作蜡烛燃烧的动画，在制作过程中注意掌握火焰的特点：跳跃、琐碎、变化多。最终效果如图 4-4-1 所示。

图 4-4-1　蜡烛燃烧

任务分析

火焰的变化频率较快且不规律，所以绘制的时候应注意抓住其主要特点。可将火焰的运动分为上升、下收两个主要过程，在此基础上再添加膨胀和收缩属性，穿插绘制。

理论知识点

蜡烛燃烧的动画特点。

技能知识点

通过【绘图纸外观】、【绘图纸外观轮廓】功能绘制动画关键帧。

任务步骤

1. 绘制燃烧的蜡烛

步骤 1　打开 Animate 软件，执行【文件】-【新建】命令，创建尺寸适当的文档。绘制火焰、蜡烛，即绘制出蜡烛燃烧的常态，如图 4-4-2 所示；选择蜡烛，按【F8】键将其转换为元件并命名为"蜡烛燃烧"，如图 4-4-3 所示；双击"蜡烛燃烧"元件，将蜡烛、火焰分别复制到单独的图层中，如图 4-4-4 所示。

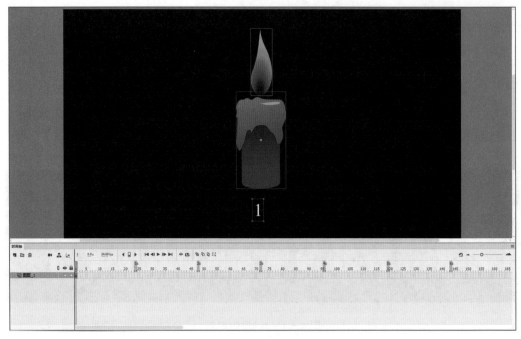

图 4 - 4 - 2　蜡烛燃烧的常态

图 4 - 4 - 3　创建元件

提示

蜡烛部分没有动画，可以将其直接转化为元件。

图 4 - 4 - 4 分层

2. 制作动画

步骤 2 在"火焰"图层的第 4 帧处创建关键帧,绘制火焰膨胀的效果,如图 4 - 4 - 5 所示。

图 4 - 4 - 5 火焰膨胀

步骤 3 在"火焰"图层的第 7 帧处创建关键帧,绘制火焰收缩的效果,如图 4 - 4 - 6 所示。

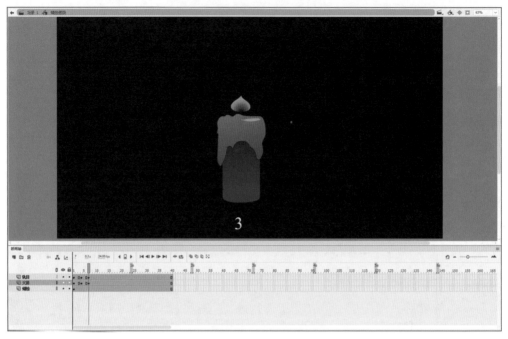

图 4 - 4 - 6　火焰收缩

步骤 4　在"火焰"图层的第 10 帧处创建关键帧，绘制火焰上升的效果，如图 4 - 4 - 7 所示。

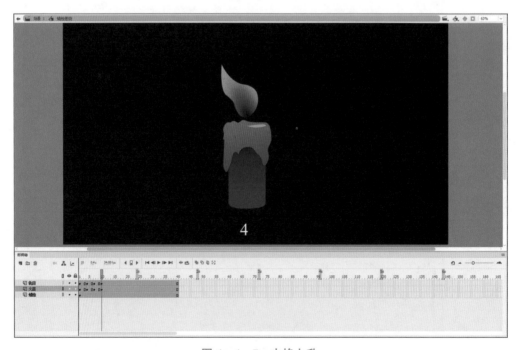

图 4 - 4 - 7　火焰上升

步骤 5　采用同样的方法，逐个绘制火焰的膨胀、上升、扩散、下降、收缩等状态，并注意调整变化频率，如图 4 - 4 - 8 所示。

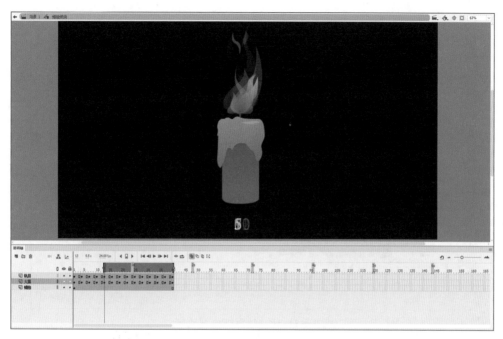

图 4 - 4 - 8 火焰的不同状态

提示

制作火焰动画的时候，可以通过【时间轴】-【绘图纸外观】或【绘图纸外观轮廓】功能来观察前后关键帧上的内容，如图 4 - 4 - 9、图 4 - 4 - 10 所示。

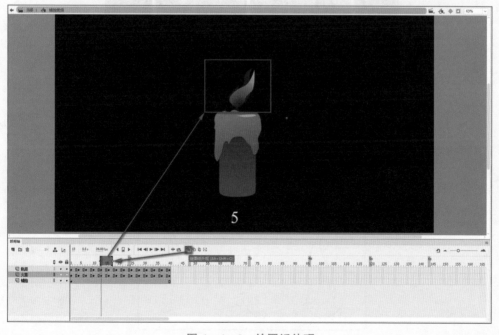

图 4 - 4 - 9 绘图纸外观

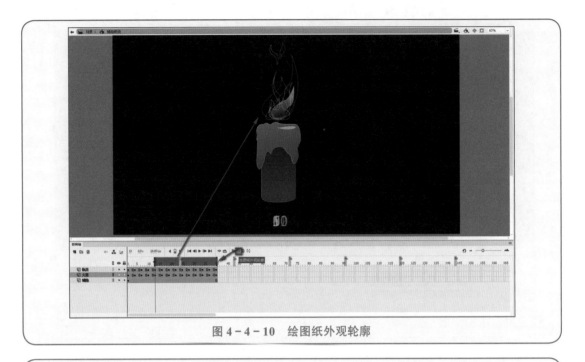

图 4 - 4 - 10　绘图纸外观轮廓

◁») 知识拓展

在 Animate 软件中，灵活运用补间功能和关键帧，可以制作出火焰在无风状态下缓慢变化的精致动画，如图 4 - 4 - 11 所示。

图 4 - 4 - 11　火焰无风缓动

蜡烛火苗的消失过程可以分为 3 个阶段：第 1 个阶段是下收，第 2 个阶段是分离、缩小，第 3 个阶段是冒烟、消失，如图 4 - 4 - 12 所示。

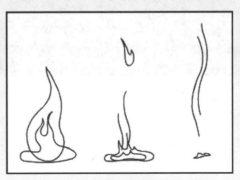

图 4 - 4 - 12　蜡烛火苗的消失过程

无论是制作大火焰还是小火苗的动画，只要抓住火的上升、下收等特点，再结合风力和风向的变化，便可制作出真实而自然的动画，如图4-4-13所示。

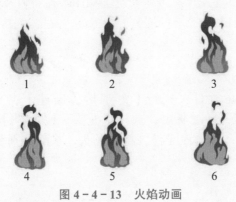

图 4-4-13　火焰动画

An 任务4.5　制作水滴动画

任务描述

014 水滴特效

水是我们生活中常见的液体，它的结构松散，没有颜色，没有形状，在不同的环境下呈现出的特征也不同。本任务要求同学们使用 Animate 制作水龙头滴水的动画，在制作过程中注意分析水的运动规律。最终效果如图4-5-1所示。

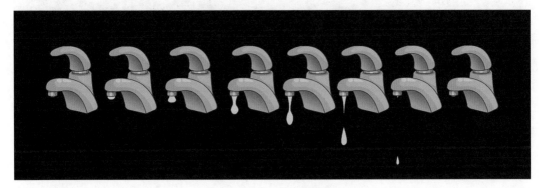

图 4-5-1　水龙头滴水

任务分析

水滴从水龙头低落这一过程中，水滴的特征是从无到有，从小到大，从圆形拉长变成水滴形，再拉伸、分离、下坠，水龙头口处的水滴缩回。

理论知识点

水龙头滴水动画的特点。

技能知识点

通过【绘图纸外观】和【绘图纸外观轮廓】功能绘制动画关键帧。

任务步骤

1. 绘制水龙头

步骤 1   打开 Animate 软件，执行【文件】–【新建】命令，创建尺寸适当的文档，绘制水龙头，如图 4 - 5 - 2 所示；选择水龙头，按【F8】键将其转换为元件并命名为"水龙头滴水动画"；双击该元件，将水龙头、水滴分别复制到单独的图层中，如图 4 - 5 - 3 所示。

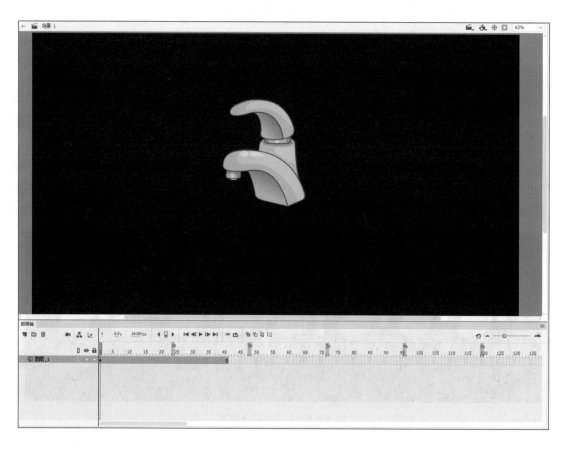

图 4 - 5 - 2   水龙头

2. 制作动画

步骤 2   根据水滴滴落的节奏，分别在第 5 帧、第 9 帧、第 11 帧、第 13 帧、第 17 帧、第 20 帧、第 21 帧绘制水滴从出现到滴落的状态，如图 4 - 5 - 4 所示。

图 4 - 5 - 3 分层

图 4 - 5 - 4 制作水滴滴落动画

知识拓展

　　水的运动状态可以随着环境的不同而呈现多样性：可以是一滴水，也可以是大海中的波涛。在动画中，水的常见动态效果主要包括5种，如图4-5-5所示。表现水的分离效果时，可以将水花绘制得自然、随意一些，还可以通过设置空白帧来表现水花溅开的效果，如图4-5-6所示。

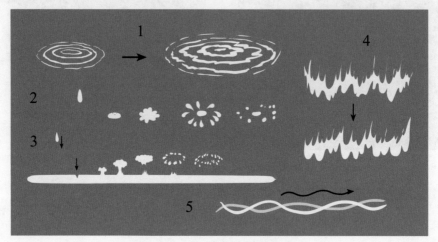

图4-5-5　水的常见动态效果

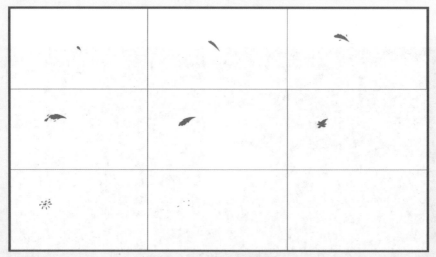

图4-5-6　水花溅开

　　有时将水的常规动画效果应用在角色上，可以达到意想不到的效果。例如，让某个角色哭出的眼泪呈现瀑布的效果，不仅有趣，还可以更强烈地表达角色的悲伤情绪，如图4-5-7所示。

　　绘制涟漪的时候，不光要表现涟漪一圈圈扩散的效果，还要注意涟漪的内圈和外圈的不同，可以通过逐圈降低涟漪的透明度来表现，如图4-5-8所示。

　　无论是大海中的波涛还是河流中的浪花，都应按照波浪形变化规律、结合曲线运动的特点来绘制，如图4-5-9、图4-5-10所示。

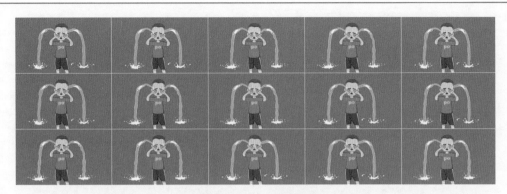

图 4 - 5 - 7 泪如雨下

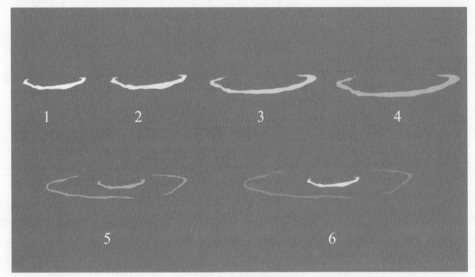

图 4 - 5 - 8 涟漪

图 4 - 5 - 9 波浪的形态

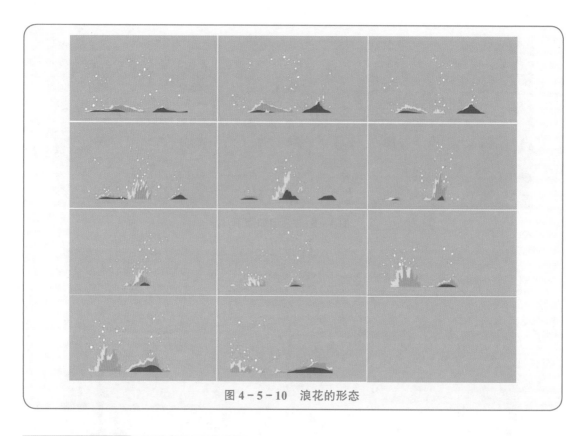

图 4 - 5 - 10　浪花的形态

An **任务 4.6**　制作闪电动画

015 闪电特效

任务描述

　　闪电是雨季常见的自然现象，运用在动画中可以很好地烘托气氛。本任务要求同学们使用 Animate 制作闪电动画，在制作过程中注意分析闪电的变化规律。最终效果如图 4 - 6 - 1 所示。

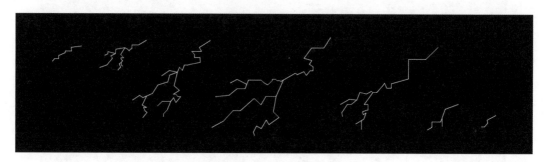

图 4 - 6 - 1　闪电

任务分析

　　雷电天气，天空总是乌云密布，闪电出现时，眼前的事物就好像被闪光灯闪了一下，转瞬即逝。闪电动画的基本规律是正常→白→黑→正常，且帧频较快。

理论知识点

闪电动画的特点。

技能知识点

关键帧的应用。

任务步骤

1. 绘制闪电

步骤 1 打开 Animate 软件，执行【文件】–【新建】命令，创建尺寸适当的文档；确定闪电的起始位置，绘制闪电并将其转化为元件，命名为"闪电动画"，如图 4 – 6 – 2 所示。

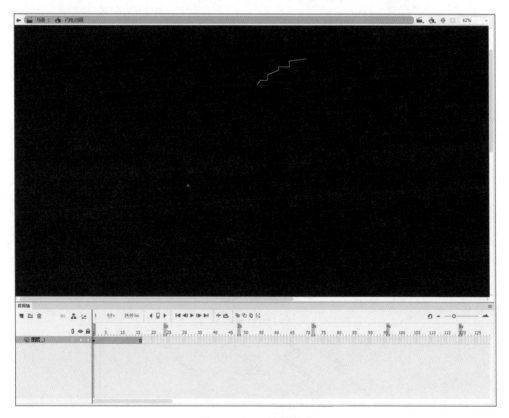

图 4 – 6 – 2 绘制闪电

2. 制作动画

步骤 2 分别在第 3 帧、第 5 帧、第 7 帧、第 9 帧、第 11 帧、第 13 帧处创建关键帧，绘制闪电的不同阶段，注意不要用弧线，要用折线表现；在第 15 帧处按【F7】键创建空白关键帧，表现闪电消失效果，如图 4 – 6 – 3 所示。

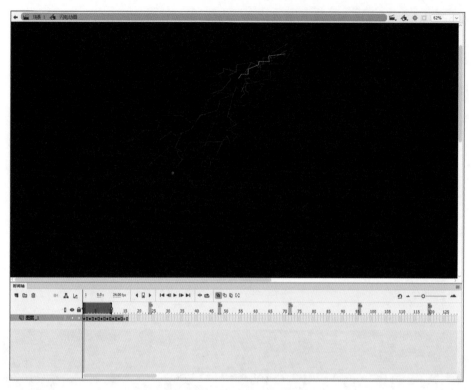

图 4 - 6 - 3　绘制闪电动画

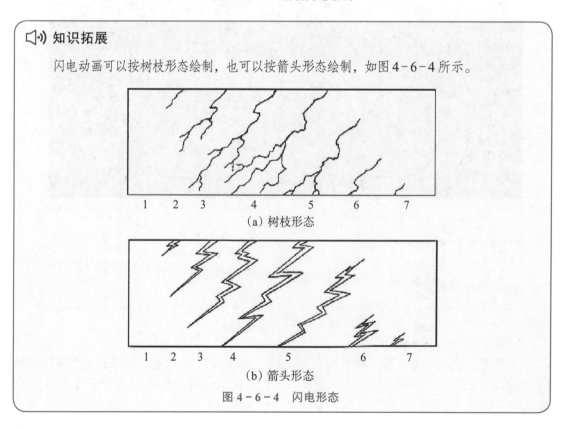

🔊 知识拓展

闪电动画可以按树枝形态绘制，也可以按箭头形态绘制，如图4-6-4所示。

（a）树枝形态

（b）箭头形态

图 4 - 6 - 4　闪电形态

闪电动画效果如图4-6-5所示。

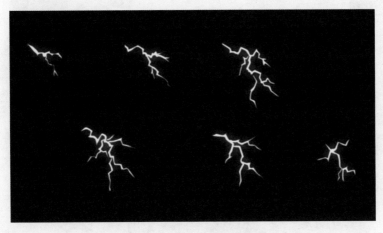

图 4 - 6 - 5　闪电动画效果

技能检测

1. 根据雨的基本特点制作下雨动画。
2. 根据雪的基本特点制作下雪动画。
3. 根据风的基本特点制作刮风动画。
4. 根据火的基本特点制作火焰动画。
5. 根据水的基本特点制作浪花动画。
6. 根据闪电的基本特点制作闪电动画。

单元 5
动物的运动规律

单元导读

　　动物不仅是人类的朋友，也是很多艺术作品的灵感来源，以动物为原型设计的动画作品更是数不胜数。要想将动物的肢体语言设计得生动有趣，就要了解它们的动作特点、运动规律。动画片中常见的动物包括各种鸟类、鱼类，以及走兽。本单元将介绍如何运用 Animate 软件制作鸟飞、鱼游，以及四足动物奔跑的动画，帮助同学们掌握常见动物的主要运动规律，同学们可以在此基础上举一反三。

学习目标

　　1. 了解鸟、鱼、四足动物的运动特点。
　　2. 掌握鸟飞、鱼游、四足动物奔跑时的运动规律。

思政目标

　　通过本单元的学习，培养学生爱护动物的意识，学会与动物和谐共存；使学生具备举一反三的能力，能够灵活运用所学知识解决工作中遇到的实际问题。

016 鸟类飞翔
动画

任务 5.1　制作鸟类飞翔动画

任务描述

本任务要求同学们使用 Animate 制作海鸥飞翔动画，在制作过程中注意分析鸟类飞行时的运动规律，协调好翅膀各关键帧之间的关系。最终效果如图 5-1-1 所示。

图 5-1-1　海鸥飞翔的过程

任务分析

从动画制作的角度，将鸟的身体结构分为：身体、翅膀、尾巴、腿。翅膀是鸟区别于其他动物的主要外形特征，鸟挥动翅膀，产生升力，从而能够在空中翱翔。本任务中，海鸥在飞翔的时候，当翅膀挥动至最高点时，身体偏低；当翅膀向下挥动至身体两侧时，身体会被抬升；当翅膀挥动至最低点时，身体抬升至最高点。

理论知识点

鸟类飞翔时的动作特点。

技能知识点

标尺的应用。

任务步骤

1. 制作动画

步骤 1　打开 Animate 软件，执行【文件】-【新建】命令，创建尺寸适当的文档，绘制海鸥的各个部位，绘制好后将其转换成元件，然后调出标尺【Ctrl+Alt+Shift+R】设置辅助线，对海鸥的各部位进行位置标记，如图 5-1-2 所示。

步骤 2　在第 4 帧处创建关键帧，借助辅助线调整身体位置，使其向上偏移，绘制翅膀展开时的姿态，如图 5-1-3 所示。

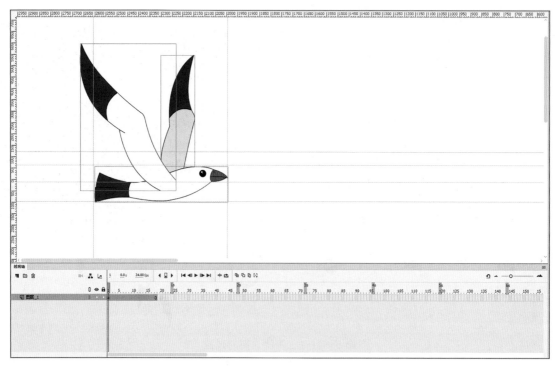

图 5-1-2　设置辅助线

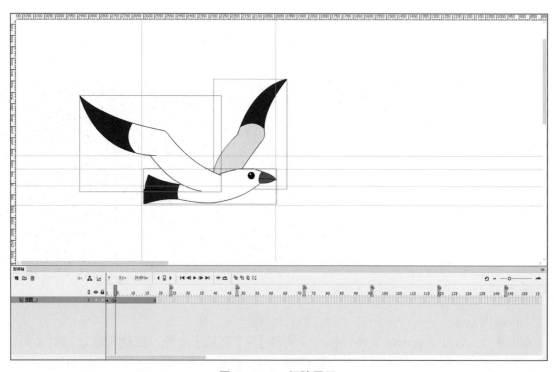

图 5-1-3　翅膀展开

步骤 3　在第 7 帧处创建关键帧，借助辅助线调整身体位置，使其再向上偏移一些，绘制翅膀挥动至体侧时的姿态，如图 5-1-4 所示。

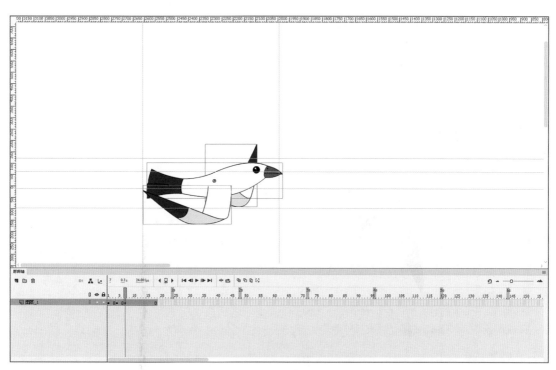

图 5-1-4 翅膀挥动至体侧

步骤 4 在第 10 帧处创建关键帧，借助辅助线调整身体位置，使其继续向上偏移，绘制翅膀向下挥动时的姿态，如图 5-1-5 所示。

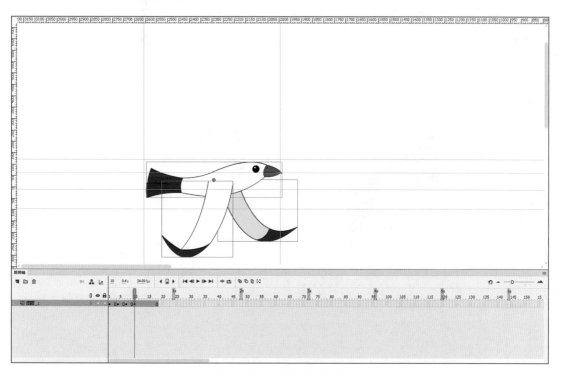

图 5-1-5 翅膀向下挥动

步骤5 在第13帧处创建关键帧，借助辅助线调整身体位置，使其偏移至最高处，绘制翅膀挥动至最下端时的姿态，如图5-1-6所示。

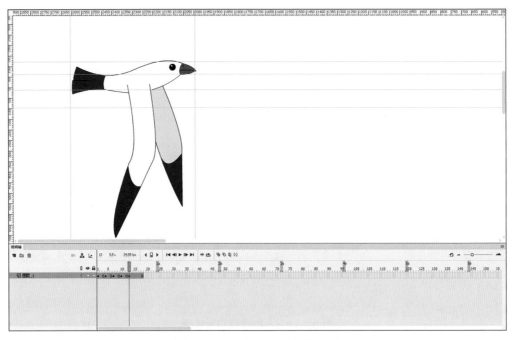

图5-1-6 翅膀挥动至最下端

步骤6 在第16帧处创建关键帧，借助辅助线调整身体位置，使其向下偏移，绘制翅膀向上挥动时的姿态，如图5-1-7所示。

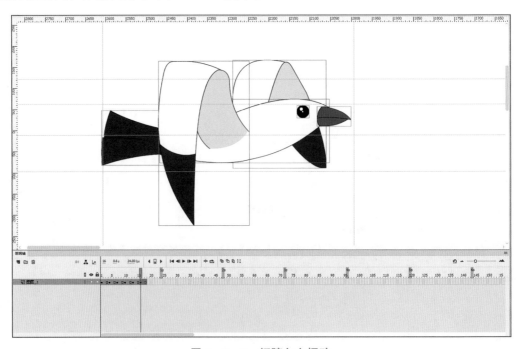

图5-1-7 翅膀向上挥动

2. 制作动画循环

步骤 7 选择所有帧，执行【剪切帧】命令，然后执行【粘贴帧】命令，将所有帧粘贴至新建元件中，如图 5-1-8 至图 5-1-11 所示。

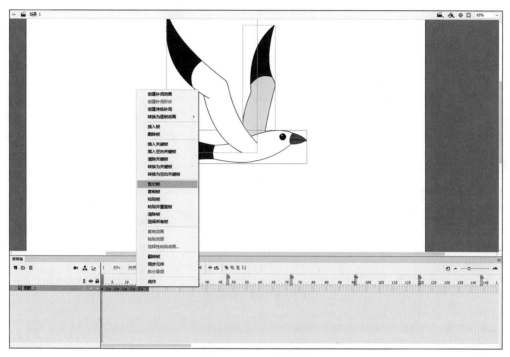

图 5-1-8 剪切帧

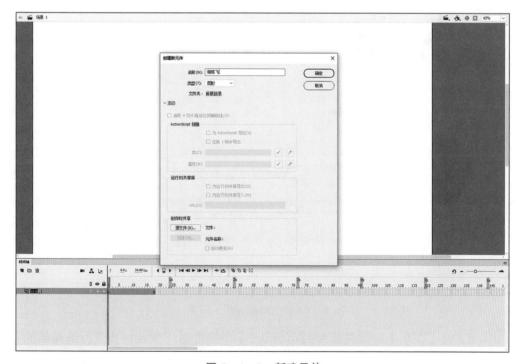

图 5-1-9 新建元件

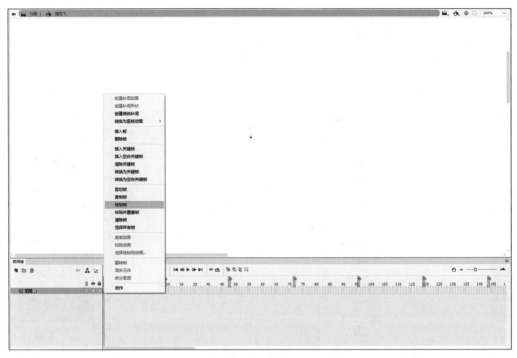

图 5 - 1 - 10　粘贴帧

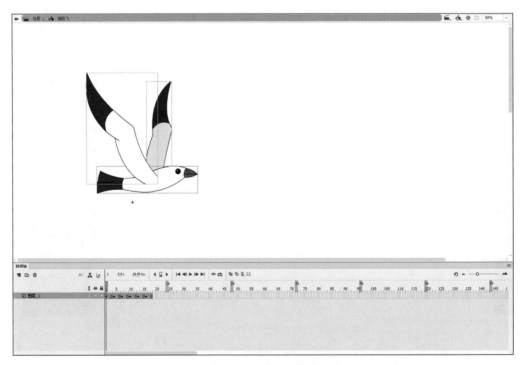

图 5 - 1 - 11　粘贴帧后的效果

步骤 8　将【库】中的元件拖曳到【场景 1】中即可循环播放，展现海鸥连续的飞行动作，如图 5 - 1 - 12 所示。

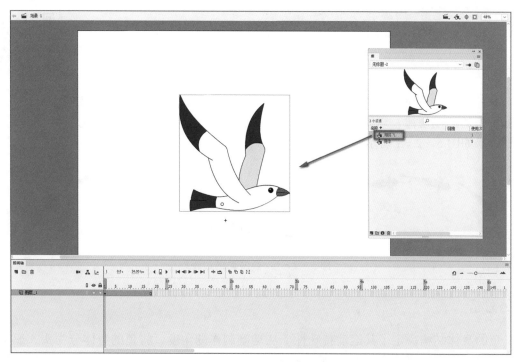

图 5 - 1 - 12　元件循环播放

🔊) **知识拓展**

　　对于麻雀这种翅膀相对于身体比例较小的鸟，可以通过翅膀向上挥动、向下挥动两个关键帧来制作飞行动画，如图 5 - 1 - 13 所示。

图 5 - 1 - 13　麻雀飞

　　对于蝴蝶这种体重很轻，且翅膀比例较大、挥动较慢的动物，翅膀向上和向下扇动的时候，身体起伏要大一些，如图 5 - 1 - 14 所示。

图 5 - 1 - 14　蝴蝶飞

An 任务 5.2　制作鱼类游动动画

任务描述

　　本任务要求同学们使用 Animate 制作鱼游动的动画，在制作过程中注意分析鱼的运动规律，掌握鱼游动时的身体姿态以及游动路线的弧度变化。最终效果如图 5-2-1 所示。

图 5-2-1　鱼游动的过程

任务分析

　　鱼的身体结构决定了其运动特殊性。从动画制作的角度，将鱼的身体分为头、躯干、尾 3 部分，另外，鱼的背鳍、胸鳍和腹鳍通常也需要表现出来，以体现鱼灵动的运动特点。鱼的运动规律可以总结为身体的摆动和尾鳍的摆动相结合，以曲线运动方式向前游动。

理论知识点

　　鱼游动时的动作特点。

技能知识点

　　引导线动画；元件色彩效果。

任务步骤

1. 制作鱼游动动画

　　步骤 1　打开 Animate 软件，执行【文件】-【新建】命令，创建尺寸适当的文档，绘制鱼的造型，然后按部位将头、胸鳍、尾鳍、背鳍（即除躯干外）均转换成元件，分别放在相应的图层中并命名，如图 5-2-2 所示。

　　步骤 2　选择所有图层，在第 8 帧处创建关键帧，将鱼的姿态调整为鱼头、尾鳍向下，躯干向上弓起，如图 5-2-3 所示。

　　步骤 3　选择所有图层，在第 15 帧处创建关键帧，将鱼的姿态调整为鱼头、尾鳍向上，躯干向下弓起，如图 5-2-4 所示。

　　步骤 4　为使动画循环顺畅，要让首尾帧内容相同。选择所有图层的第 1 个关键帧，按住【Alt】键拖曳至第 29 帧，完成关键帧的复制，如图 5-2-5 所示。

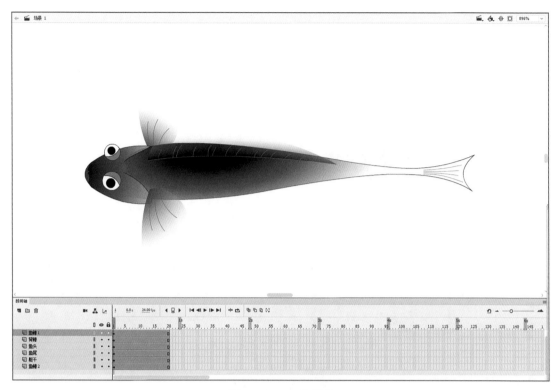

图 5 - 2 - 2　绘制鱼

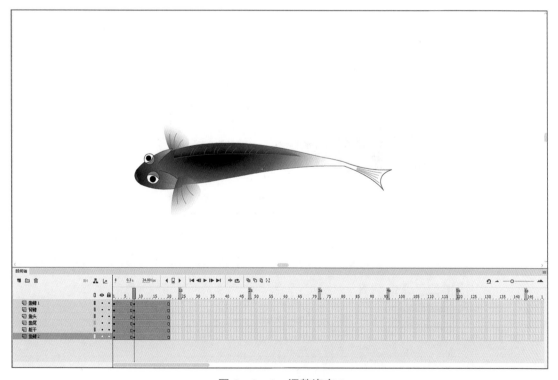

图 5 - 2 - 3　调整姿态 1

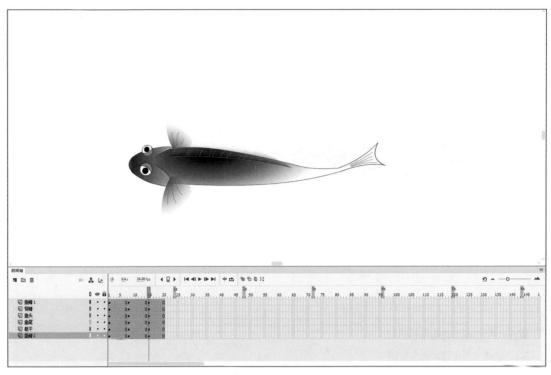

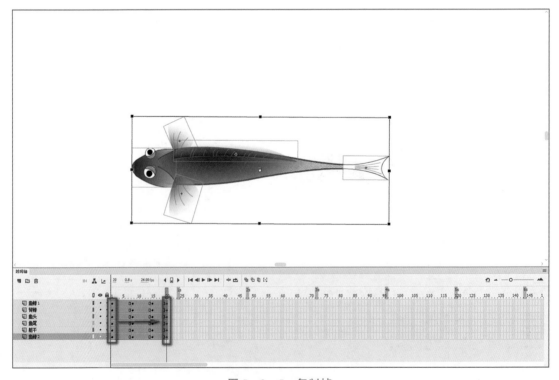

图 5-2-4　调整姿态 2

图 5-2-5　复制帧

步骤 5 在"躯干"图层执行【创建补间形状】命令，在其余图层执行【创建传统补间】命令，如图 5 - 2 - 6 所示；选中所有图层中的所有帧，粘贴到"鱼游动动画"元件中，将制作好的动画转换为元件，如图 5 - 2 - 7 所示。

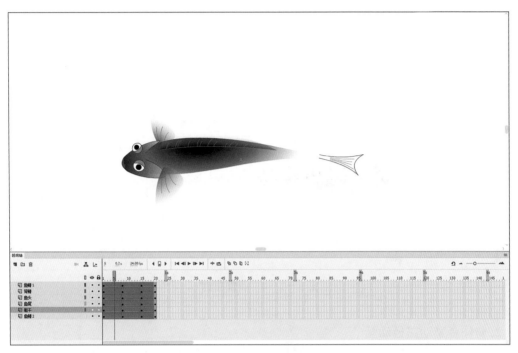

图 5 - 2 - 6 创建补间

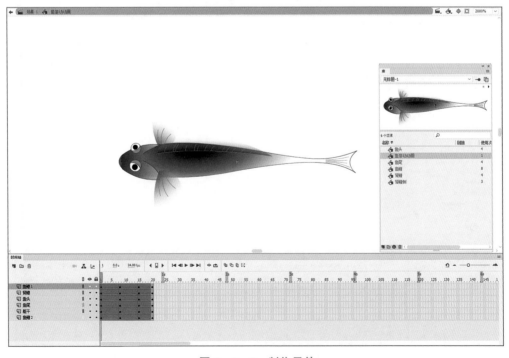

图 5 - 2 - 7 制作元件

在 Animate 软件中，可以通过【属性】-【色彩效果】面板中的各项参数调整元件的色彩效果，如图 5-2-8 所示。

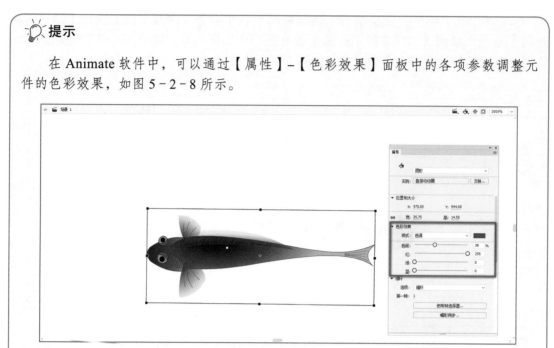

图 5-2-8　调整颜色

2. 制作鱼游动路径动画

步骤 6　创建引导线图层，并按照鱼游动的路径绘制引导线，将鱼的中心点与引导线重合，如图 5-2-9 所示；在第 133 帧处创建关键帧，调整鱼的位置，并执行【创建传统补间】命令创建传统补间，如图 5-2-10、图 5-2-11 所示。

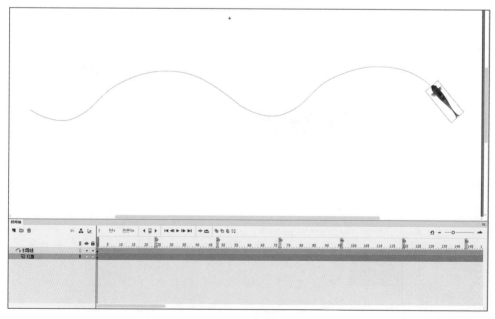

图 5-2-9　绘制引导线

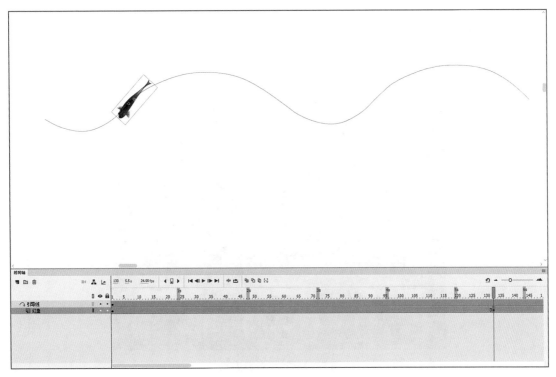

图 5-2-10 调整位置

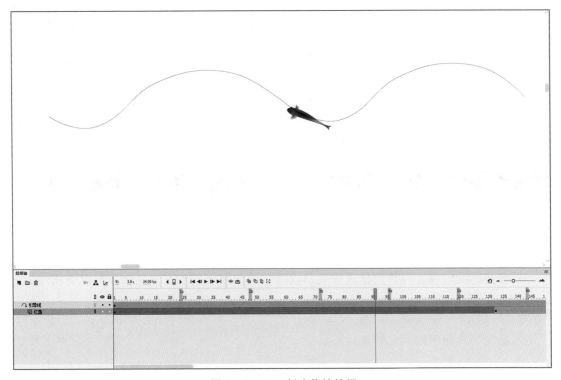

图 5-2-11 创建传统补间

知识拓展

绝大多数的鱼类在水中游动的时候，随着头、尾的摆动，身体的弧度也会进行相应的改变，其游动路线往往是结合曲线运动规律来设计的，如图 5-2-12 所示。

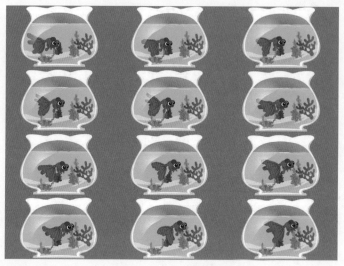

图 5-2-12　金鱼游动

任务 5.3　制作四足动物奔跑动画

018 四足动物
奔跑动画

任务描述

动物界中，四足动物种类繁多，也是动画片中出现较多的动物类别，如猫、狗、马、鹿、狮子、老虎等。本任务要求同学们使用 Animate 制作马奔跑的动画，在制作过程中注意分析马奔跑时身体形态的变化。最终效果如图 5-3-1 所示。

图 5-3-1　马奔跑的过程

任务分析

马在奔跑的时候，身体会呈现伸展、收缩、腾空等不同姿态，且动作幅度变化明显。

理论知识点

四足动物奔跑时的运动特点。

技能知识点

标尺的作用。

任务步骤

1. 制作动画

步骤 1　打开 Animate 软件，执行【文件】-【新建】命令，创建尺寸适当的文档，按照图 5-3-1 所示的运动过程，绘制第 1 帧，可调出标尺，以便参考马的动态位置，如图 5-3-2 所示。

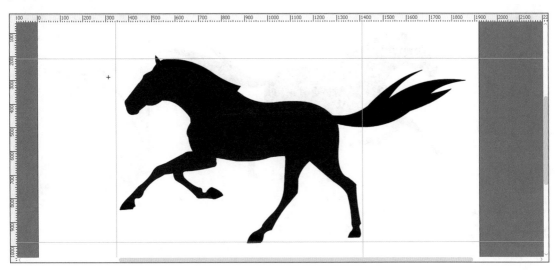

图 5-3-2　马奔跑

步骤 2　按照运动过程绘制第 2 帧、第 3 帧、第 4 帧、第 5 帧、第 6 帧、第 7 帧、第 8 帧。注意：马腾空时身体高度最高。最后，复制第 1 帧，粘贴至第 9 帧处，使首尾帧内容重合，如图 5-3-3 所示。

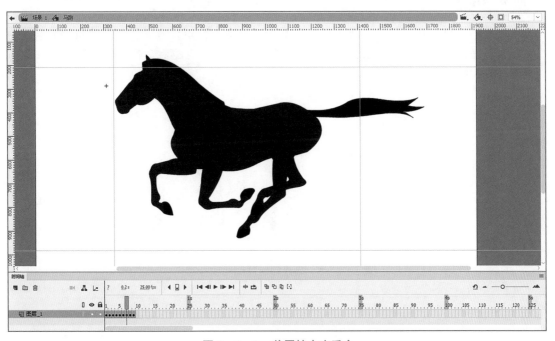

图 5-3-3　首尾帧内容重合

2. 动画循环

步骤 3　复制所有帧，粘贴在"马奔跑"元件中，如图 5-3-4 所示，制作马奔跑的循环动画。

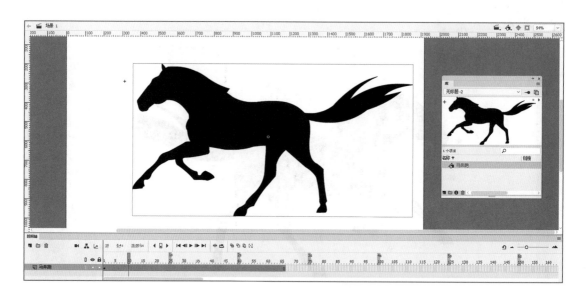

图 5-3-4　马奔跑元件

🔊 **知识拓展**

四足动物中，马是比较有代表性的，其走路与跑步的动作与鹿、羊等类似，同学们在制作动画时，可以灵活运用，举一反三。马走路时前、后腿的动作分解如图 5-3-5、图 5-3-6 所示。

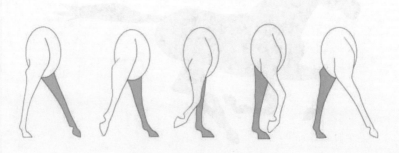

图 5-3-5　马走路时前腿动作分解

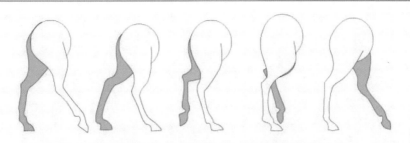

图 5 - 3 - 6　马走路时后腿动作分解

　　鹿的走路姿势与马很接近，但脚步更轻盈一些，四条腿两分、两合，左右交替形成一个完整的步子，即对角线换步的走路方式。走路时由于腿关节的屈伸运动，身体稍有高低起伏，同时，为了保持身体平衡，头部会有微小的上下运动，一般是在跨出的前腿即将落地时，头向下点动。马和鹿的运动姿态如图 5 - 3 - 7 至图 5 - 3 - 9 所示。

①　　　⑤　　　⑨　　　⑬

图 5 - 3 - 7　马小跑

①　　④　　⑦　　⑩　　⑬　　⑯　　⑲ = ①

图 5 - 3 - 8　鹿走路

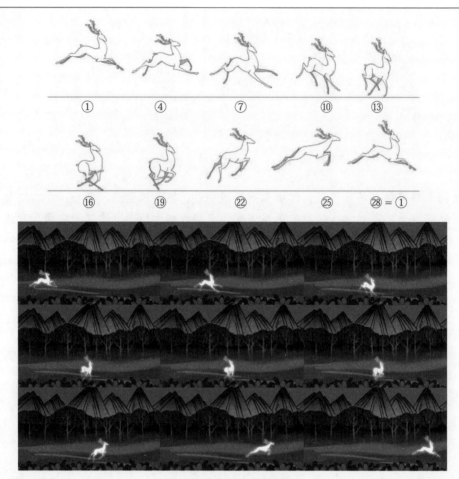

图 5-3-9　鹿奔跑

　　狼、狐、虎、豹等动物的行走与奔跑动作与猫、狗大同小异；狗走起路来前足和后足相差半步循环。前足先后开动时，后足正好交叉而行。狗走路动画如图 5-3-10 所示，豹奔跑动画如图 5-3-11 所示，猫走路动画如图 5-3-12 所示。

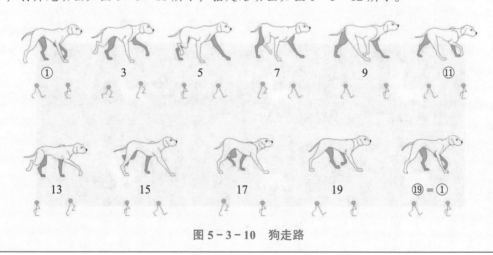

图 5-3-10　狗走路

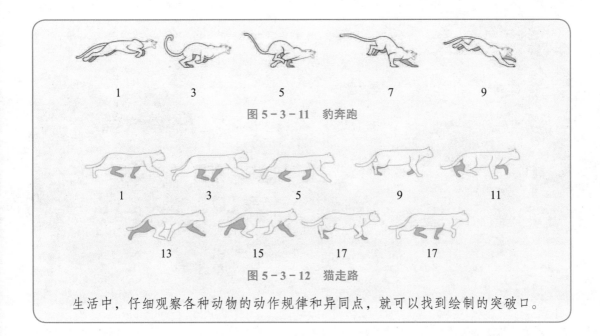

图 5-3-11 豹奔跑

图 5-3-12 猫走路

生活中，仔细观察各种动物的动作规律和异同点，就可以找到绘制的突破口。

技能检测

1. 使用 Animate 制作鸟类飞翔的动画。
2. 使用 Animate 制作鱼类游动的动画。
3. 使用 Animate 制作四足动物走路和奔跑的动画。

单元6
综合实例

单元导读

　　在二维动画的制作过程中，我们会接触到不同风格、不同类型的动画，无论动画的表现方式如何，都离不开人物动画设计、动物动画设计以及自然天气动画设计等，只有掌握好各元素基本的运动规律，才能举一反三，创作出更好的作品。本单元主要介绍如何运用 Animate 软件制作如水墨画卷一般的动画《荷塘》，以及青春短片《光》。这两个案例涉及的知识点丰富，均为综合性较强的案例，既包含了体态轻盈的蜻蜓飞行的动画的制作，敏捷的鱼儿游水的动画的制作，荷叶在微风中摇曳的动画的制作；又包含了雷、雨、闪电等自然现象动画的制作和人物表情、动作等动画的制作。

学习目标

1. 会分析画面内容，能够根据剧情设计动画。
2. 能在 Animate 软件中制作具有情节的二维动画。

思政目标

　　通过制作较为完整的动画，使学生明白，一段美的视觉享受，具有陶冶情操、净化心灵的作用，对营造和谐生活氛围具有重要意义。

019《荷塘》
动画制作

任务 6.1 水墨动画《荷塘》制作

任务描述

本任务要求同学们使用 Animate 制作一个水墨画风格的动画，动画内容为一幅动态的水墨画卷，画面呈现了在微风中摇曳的荷花、游来游去的鱼儿、飞舞的蜻蜓。制作时需要结合动画主题进行动作分析、设计动画效果，综合运用所学知识。

任务分析

面对特殊风格动画的制作，不要被其风格所影响，要学会抓重点，从动画的内容来分析：蜻蜓飞入，落在荷花上，可以根据其运动规律使用补间动画并结合逐帧动画技法来完成；制作时要注意体现蜻蜓的灵动和轻盈；荷叶在微风中轻轻摇曳，动作幅度不大，可以直接使用补间动画制作；藏在荷叶下的小鱼在水中自由自在地游来游去，则可根据鱼儿游动路线使用元件配合引导线动画来实现。总之，先将复杂的画面按内容分区制作，再根据局部动态进行分层，从而进一步制作动画。

技能知识点

引导线动画；元件模式。

任务步骤

1. 将画面内容拆分

步骤 1   由于在 Animate 软件中绘制水墨效果的图画较难，因此先在专业绘图软件中绘制好，并将各主要部分拆分成 PNG 格式的图片，并准确命名，如图 6 - 1 - 1 所示。

步骤 2   将拆分好的图片分别导入 Animate 软件。先导入荷叶，再导入荷叶根茎，并分层放置在合适的位置，添加宣纸及背景暗角等图层，如图 6 - 1 - 2 所示。

荷叶1.png

荷叶2.png

荷叶3.png

荷叶根茎1.png

荷叶根茎2.png

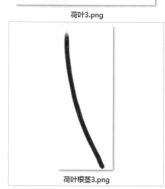

荷叶根茎3.png

图 6-1-1　拆分

图 6-1-2　分层

提示

导入的素材有一圈白边，可将其转化为【影片剪辑】，然后对其混合模式进行更改以达到更好的效果，如图 6-1-3 所示。

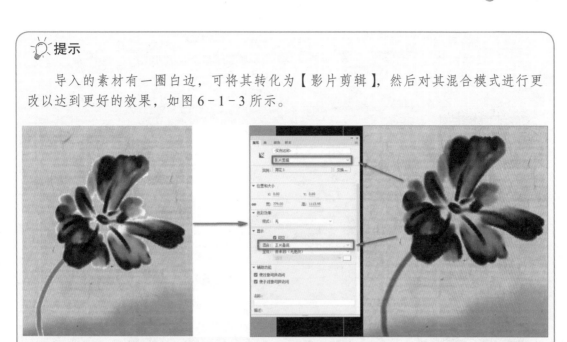

图 6-1-3 更改混合模式

步骤 3 分层添加荷花并放置在合适的位置，如图 6-1-4 所示。

图 6-1-4 添加荷花

2. 将拆分内容分别制作成动画

步骤 4　以荷叶和其根茎为对象，制作荷叶在风中摇曳的动画元件，如图 6 - 1 - 5 至图 6 - 1 - 7 所示。

图 6 - 1 - 5　荷叶摇曳动画元件 1

图 6 - 1 - 6　荷叶摇曳动画元件 2

图 6 - 1 - 7 荷叶摇曳动画元件 3

提示

　　制作荷叶摇曳动画时，可以多设置两个关键帧，形成缓冲效果，这样看上去更加自然，如图 6 - 1 - 8 所示。

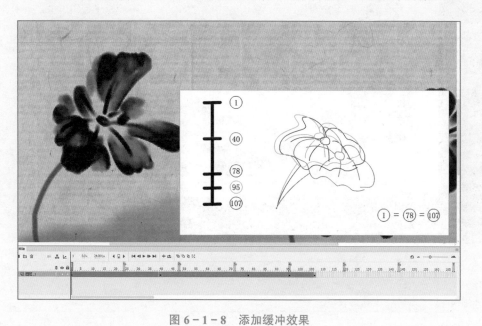

图 6 - 1 - 8 添加缓冲效果

步骤 5　用同样的方法制作荷花摇曳的动画，如图 6-1-9 至图 6-1-11 所示。

图 6-1-9　荷花摇曳动画 1

图 6-1-10　荷花摇曳动画 2

图 6-1-11 荷花摇曳动画 3

提示

　　如果想使动画更加细腻，可以让荷花花瓣也一起随风摆动。将花瓣分别转换为元件，制作元件动画即可，效果如图 6-1-12 所示。

图 6-1-12 花瓣摆动动画

步骤 6　制作蜻蜓飞舞的动画元件。先制作蜻蜓扇动翅膀的循环动画，再设置蜻蜓飞行路径的动画，如图 6－1－13 所示。

图 6－1－13　蜻蜓飞舞动画元件

步骤 7　制作鱼游动的动画元件。如果鱼游动时没有复杂的转弯，可以通过引导线完成动画，然后根据画面适当添加一些涟漪动画，如图 6－1－14 所示。

图 6－1－14　鱼游动动画元件

步骤 8 根据画面的整体效果酌情添加一些水草，如图 6 - 1 - 15 所示。

图 6 - 1 - 15 添加水草

任务 6.2 二维动画《光》制作

020《光》
动画制作

任务描述

本任务要求同学们使用 Animate 制作二维动画《光》。该动画主要包括三组镜头：雷雨交加的夜晚；一个女孩伫立在灯火辉煌的街头，本该热闹的街区因天气原因而空无一人，甚至连一辆车都没有，雨伞丢在一旁被风轻轻吹动；女孩在雨中陷入回忆，望着地上的一滩积水想起她生命中那个重要的人。

任务分析

该二维动画中的三组连续镜头各具特色。对于乌云密布、闪电雷鸣和下雨的动画效果，可以根据动画规律使用逐帧动画技法直接制作；对于水花飞溅的动画效果，可将逐帧动画制作成元件循环使用；对于人物表情动画，可以根据角色情绪逐帧绘制；雨伞被

风吹动的动画可做成元件循环使用。完成以上动画需要对镜头进行拆分，以镜头为单位逐个制作；对同一个镜头中出现的对象按不同部位创建元件，分层制作动画。

技能知识点

【影片剪辑】–【滤镜效果】–【发光】。

任务步骤

1. 镜头 1 动画制作

步骤 1　镜头 1 表现了乌云密布、电闪雷鸣的下雨动画。根据镜头内容，将背景图片以及几朵乌云分别转换为元件，通过对色彩不透明度等属性的调节来渲染动画效果，如图 6 − 2 − 1 至图 6 − 2 − 3 所示；将下雨动画分别制作成远景雨、近景雨两个动画元件，注意区分雨的层次，如图 6 − 2 − 4、图 6 − 2 − 5 所示。

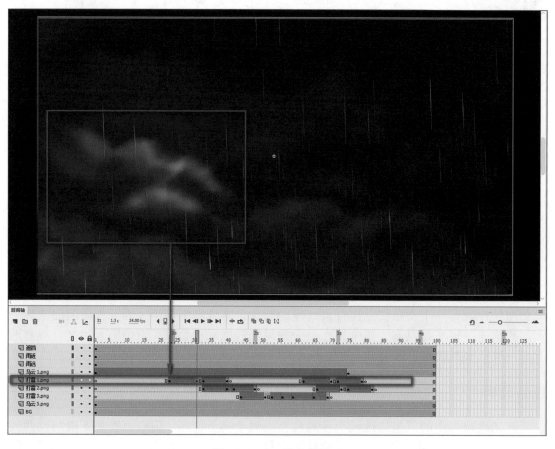

图 6 − 2 − 1　闪电效果 1

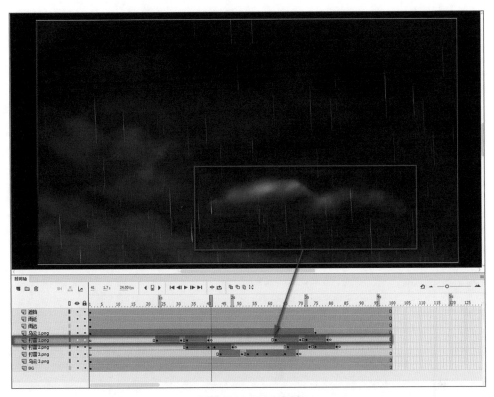

图 6-2-2 闪电效果 2

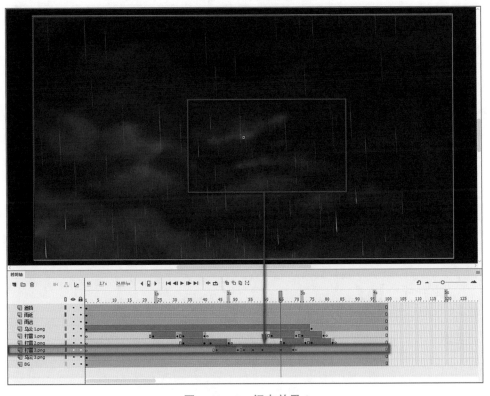

图 6-2-3 闪电效果 3

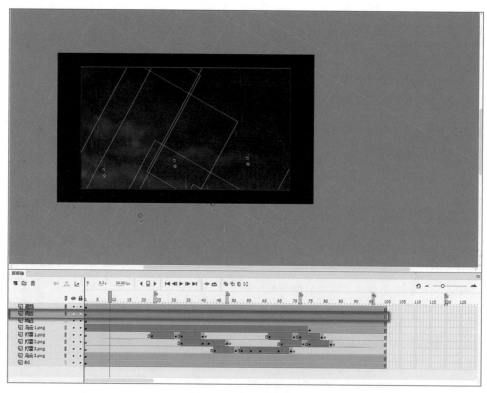

图 6-2-4　近景雨

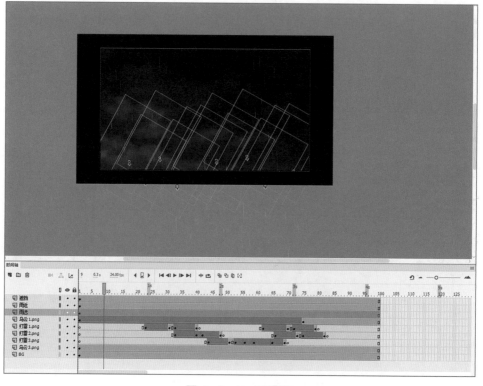

图 6-2-5　远景雨

2. 镜头 2 动画制作

步骤 2   镜头 2 分为两部分：一部分为下雨动画；另一部分为人物淋雨动画。根据镜头制作远处和近处的雨滴，以及雨滴落地溅起水花的动画，然后将动画制作成【影片剪辑】元件，并调节滤镜效果，如图 6-2-6 至图 6-2-8 所示。

图 6-2-6   下雨元件

图 6-2-7   下雨元件滤镜效果

图 6 - 2 - 8　水花元件

步骤3　将角色制作成一个独立的元件并命名为"阴影"，所有动画均在"阴影"内部完成。在"阴影"元件中新建元件并命名为"女孩头部"，分层制作头发飘动的动画，如图 6 - 2 - 9 所示；在"阴影"元件中制作雨滴滴落动画元件，如图 6 - 2 - 10 所示。

图 6 - 2 - 9　头发飘动

图 6 - 2 - 10 雨滴滴落

步骤 4 将雨伞的动画制作在一个元件内，按部位分别在独立图层中制作动画效果，如图 6 - 2 - 11 所示。

图 6 - 2 - 11 雨伞动画

3. 镜头 3 动画制作

步骤 5 镜头 3 同样分为下雨动画和人物动画两部分。分别对下雨动画、水花动画、女孩表情动画，以及男孩动画建立元件，并放置在各自的图层中，如图 6 - 2 - 12 所示。

图 6-2-12　镜头 3

🔊 知识拓展

　　人物的淡入淡出动画效果可以通过设置元件的不透明度来实现。

　　将准备好的 MP3 格式的文件直接拖曳到 Animate 软件的场景中，声音文件便会自动出现在【库】中，如图 6-2-13 所示；然后新建图层，将【库】中的声音文件拖曳到【场景】中，即可通过关键帧控制声音的起始，如图 6-2-14 所示。

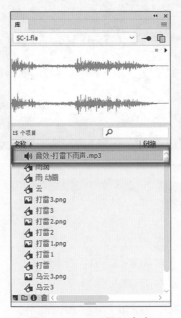

图 6-2-13　导入声音

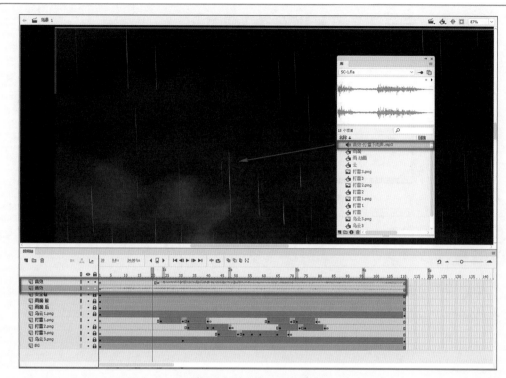

图 6-2-14 添加声音

执行【文件】-【导出】-【导出视频】命令可导出视频，如图 6-2-15、图 6-2-16 所示。

图 6-2-15 选择【导出视频】

图 6 - 2 - 16 导出视频参数设置

技能检测

1. 构思一个包含风、雨、雷、电等效果的自然主题动画并制作出来。
2. 构思一个公益主题动画短片并制作出来。

图书在版编目（CIP）数据

二维动画制作 / 高翀，王飞编著. -- 北京 ：中国
人民大学出版社，2022.4
　21世纪技能创新型人才培养系列教材. 计算机系列
　ISBN 978-7-300-29164-2

　Ⅰ. ①二… Ⅱ. ①高… ②王… Ⅲ. ①动画制作软件
－教材 Ⅳ. ① TP391.414

中国版本图书馆 CIP 数据核字（2022）第 010476 号

"十四五"新工科应用型教材建设项目成果
21世纪技能创新型人才培养系列教材·计算机系列
二维动画制作
高　翀　王　飞　编　著
Erwei Donghua Zhizuo

出版发行	中国人民大学出版社			
社　　址	北京中关村大街 31 号	邮政编码	100080	
电　　话	010 - 62511242（总编室）	010 - 62511770（质管部）		
	010 - 82501766（邮购部）	010 - 62514148（门市部）		
	010 - 62515195（发行公司）	010 - 62515275（盗版举报）		
网　　址	http://www.crup.com.cn			
经　　销	新华书店			
印　　刷	北京瑞禾彩色印刷有限公司			
开　　本	787 mm × 1092 mm　1/16	版　　次	2022 年 4 月第 1 版	
印　　张	12.75	印　　次	2025 年 2 月第 2 次印刷	
字　　数	300 000	定　　价	58.00 元	